SOCIÉTÉ NATIONALE

D'AMÉLIORATION AGRICOLE

PARIS. — IMPRIMERIE DE DUBUISSON ET Cᵒ, 5, RUE COQ-HÉRON.

SOCIÉTÉ NATIONALE

D'AMÉLIORATION AGRICOLE

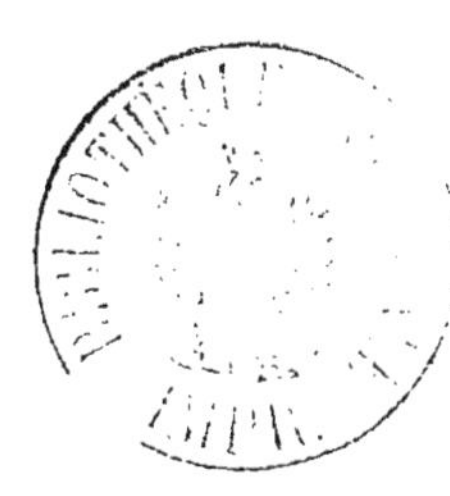

PROJET

PAR

CLÉMENT DULAC

ANCIEN REPRÉSENTANT DU PEUPLE, PROPRIÉTAIRE-AGRICULTEUR.

Mars 1864.

PARIS

IMPRIMERIE DE DUBUISSON ET Cᵉ

5, RUE COQ-HÉRON, 5

1864

SOCIÉTÉ NATIONALE

D'AMÉLIORATION AGRICOLE

I.

CONSIDÉRATIONS GÉNÉRALES.

Je propose la création d'une *Société nationale d'amélioration agricole*, Société qui imprimerait une féconde impulsion à la puissance productive et à la prospérité de la France, et qui serait éminemment lucrative et honorable pour ses fondateurs et actionnaires. Il s'agit ici à la fois d'une grande œuvre et d'une affaire sérieuse et considérable.

On sait l'importance relative de l'agriculture et des industries exploitées sur notre territoire. Les produits de l'agriculture s'élèvent à une valeur de 8 milliards de francs par an; la production manufacturière, toutes branches réunies, n'est que de 4 milliards; celle des arts et métiers, de 4 milliards et demi. La population agricole est de 24 millions d'âmes; la population manufacturière, de 2,500,000; celle des arts et métiers, de 3,800,000 (1).

Ces quelques chiffres bruts suffisent pour rappeler ou démontrer la haute prédominance, dans un pays comme le nôtre, des intérêts engagés dans la question agricole. Digne objet des méditations de l'homme d'État et du publiciste, ces mêmes chiffres font voir quelle serait la portée de l'opération que je recommande à l'attention des capitalistes.

L'agriculture est une mine immense autant que féconde, mais jusqu'ici mal exploitée. Pour le capital d'amélioration, ce serait, on le peut dire, une mine vierge et inépuisable.

Si, depuis une période de vingt et quelques années, se dégageant enfin du joug des préjugés et de l'empirisme, la théorie agronomique a fait de notables progrès et s'est classée comme science, toujours est-il qu'en général la pratique agricole en France est encore bien arriérée. L'on n'a, pour s'en assurer, qu'à comparer le rendement des deux principales branches de la production rurale chez nous et en Angleterre, la branche qui donne le pain et celle qui fournit la viande. Le blé reproduit en France 6 fois la semence, en moyenne; en Angleterre, plus de 12 fois (2). Il y a chez nos voisins, par hectare de terre arable, plus du double de bêtes bovines, plus du triple de bêtes à laine et près de trois fois autant de porcs (3).

(1) MOREAU DE JONNÈS, *Statistique de l'Industrie*, p. 338. La population des campagnes est portée par le même statisticien à 27 millions d'individus. (*Annuaire de l'économie politique*, 1851, p. 375, 384, 369.)

(2) Voir *Essai sur l'économie rurale de l'Angleterre*, par M. LÉONCE DE LAVERGNE, p. 75.

(3) Voir *Tableau comparatif de la Statistique agricole*, par M. MAURICE BLOCK. (*Ann. de l'économie politique*, 1851, p. 360, 363.)

« Pendant que la France, prise dans son ensemble, produit 100 fr.

Et pourtant le sol de la France est reconnu pour doué de plus de fertilité que le territoire britannique; notre climat est plus propice, notre soleil plus puissant, et l'on ne saurait imputer notre infériorité, comme producteurs agricoles, à la race d'hommes si vaillante qui cultive nos campagnes. La production chez nous est moindre, parce que le capital d'exploitation est insuffisant. L'opulence des landslords, la richesse des fermiers et les avances énormes qu'ils savent faire à la terre, voilà d'où vient la prospérité de l'agriculture anglaise (1). Nos voisins ont eu le mérite de comprendre plus tôt que nous cette vérité certaine : une exploitation rurale est une fabrique de matières premières, et, comme toute manufacture, elle ne saurait fleurir qu'à grand renfort de capital, venant féconder le travail. Aussi, non contents d'entasser, dans leurs magnifiques fermes, une puissance d'outillage dont nos agriculteurs besoigneux ne se font pas même une idée ; non contents d'accumuler, par leur bétail plus nombreux et plus copieusement nourri, des masses de fumier d'étable sur leurs terres déjà plus riches, ils vont quêtant à travers le monde et ravissant à prix d'or tout ce qui peut ajouter à la fertilité

» par hectare, l'Angleterre proprement dite en produit 200. Les seuls » produits animaux d'une ferme anglaise sont égaux au moins à la » totalité des produits d'une ferme française de surface égale; tous les » végétaux sont en sus. A ne considérer que les trois grandes espèces » d'animaux domestiques, les moutons, le gros bétail et les porcs, sans » tenir compte des volailles, les Anglais en tirent quatre fois plus que » nous en viande, lait et laine. Parmi les végétaux, quand le sol fran- » çais ne rapporte pas tout à fait 1 1/2 de froment par hectare, le sol » anglais en rapporte 3, et il donne en outre cinq fois plus de pommes » de terre pour la nourriture humaine. » (M. Léonce de Lavergne, *Essai sur l'économie rurale de l'Angleterre*, p. 88.)

(1) Voir notamment M. de Lavergne, *Economie rurale de l Angleterre*, p. 11, 12 et suiv., jusqu'à 22 inclusivement. Y remarquer le témoignage rendu par Arthur Young à la supériorité de notre sol et de notre climat.

du sol, tout, jusqu'aux débris sacrés restés sur les champs de bataille. C'est ainsi qu'ils ont profané les nécropoles héroïques de Waterloo et de Crimée (1).

Tout l'engrais qui se confectionne ou s'importe dans leur île, je ne puis l'évaluer ; mais voici quelle a été leur consommation de guano, guano du Pérou seulement, dans la période écoulée de 1851 à 1855. Les chiffres plus récents me manquent, mais tout porte à présumer qu'ils ne seraient pas moins remarquables :

		Tonnes.	
En	1851	152,000	(2)
	1852	118,000	(3)
	1853	135,000	
	1854	177,000	
	1855	281,761	(4)
	Total	863,761	

qui, à 300 francs, font une somme de 259,128,300 fr., pour cinq ans, sur un territoire qui n'a pas même les deux tiers de la superficie de la France ! Or, pendant que l'Angleterre importait 281,761 tonnes du si précieux engrais, notre importation, à nous, se limitait à 13,961 tonnes, pas tout à fait le vingtième ! (5)

(1) M. MOLL, *Assainissement des villes*, etc., p. 9 ; M. DE GASPARIN, *Cours d'agriculture*, t. I, p. 525 ; feuilleton de M. VICTOR MEUNIER, *Opinion nationale* ; voir aussi M. BOBIERRE, *L'atmosphère, le sol et les engrais*, p. 213, 231.

(2) Voir M. DE GASPARIN, *Cours d'agriculture*, t. VI, p. 155.

(3) *Rapport* de M. DENISON, président de la Société royale d'Angleterre, cité par M. BARRAL, *Drainage*. t. III, p. 176.

(4) *Annuaire de l'économie politique*, 1857, p. 457.

(5) *Ibid.*

Pour le drainage, opération dont l'importance est de premier ordre, les Anglais nous ont encore laissés bien loin en arrière. Nous n'avions en France, dans le courant de 1856, qu'environ 35,000 hectares (1) assainis par le drainage, tandis qu'au delà du détroit, la même amélioration avait été effectuée sur 632,000 hectares (2). Nos voisins calculent froidement qu'il leur reste à dépenser un capital de 2 milliards 675 millions pour achever de drainer leurs terres. Cette somme, disent-ils, n'a rien qui doive effrayer, si on la compare aux 7 milliards 151 millions 719,850 fr., prix de leurs chemins de fer. Ils estiment que le drainage, dont le produit est bien supérieur aux « 3 et 1/2 p. 0/0 que rapportent les voies ferrées, » leur vaut d'ailleurs jusqu'à présent « un excédant de substances, qui ne peut être évalué à moins de 5 millions d'hectolitres par année (3). »

Les Anglais ont pleine foi dans la vertu prolifique de l'argent en agriculture: ils disent qu'il peut trouver là à se caser aussi bien qu'ailleurs, et les résultats obtenus démontrent qu'ils ont raison.

Il s'en faut de beaucoup, en France, que les capitaux aient témoigné de la même attraction vers la terre. Les hommes qui, à notre époque, en ont la haute direction, mal renseignés, il faut croire, sur les choses de l'agriculture, se sont laissé effrayer par l'infériorité relative de la rente de la terre et des profits du fermage, lesquels, comparés aux bénéfices de l'industrie manufacturière, sont, il est vrai, médiocres.

Mais, de même que l'industrie, l'agriculture se subdivise en un grand nombre de branches : s'il en est de peu fructueuses, il en est d'autres, au contraire, dont le produit

(1) M. Barral, *Drainage*, t. III, p. 164.

(2) *Ibid.* p. 196.

(3) *Rapport à la Société des Arts de Londres*, par M. Bailey Denton, cité par M. Barral, *Drainage*, t. III, p. 195.

est fort beau. Rien n'empêche de s'attacher à celle-ci exclusivement. Les sociétés industrielles, qui se sont constituées en si grand nombre à notre époque, ont toutes leur spécialité. L'on ne saurait spéculer et l'on ne spécule point sur l'industrie en général, mais sur telle branche spéciale, choisie entre toutes comme avantageuse. Il y aurait à procéder avec le même discernement en opérant sur l'agriculture.

L'agriculture *complexe*, celle qui s'occupe à la fois des céréales, des plantes sarclées, de la vigne, des prairies, des arbres fruitiers, etc., ce qu'on nomme *culture de ferme*, donne au fermier ou propriétaire capable, et riche ou aisé, de 4 à 6 p. 0/0 environ du capital qu'il fait valoir : *l'agriculture spéciale* ou *culture industrielle* rapporte de 25 p. 0/0 à 100 p. 0/0 et même plus (1).

Mais, en dehors des travaux de la culture ordinaire, il est des opérations qui ne se sont pas encore assez généralisées, qui ne sont même pratiquées que sur quelques points du territoire et sur trop petite échelle, opérations qui donneraient, sans chance de perte aucune, des bénéfices très élevés. J'ai déjà cité le drainage, auquel il convient d'ajouter tout ce qui se rattache à l'irrigation : construction de réservoirs dans les gorges des montagnes et collines ; canaux embranchés au cours des torrents, des rivières et des fleuves ; système tubulaire pour distribution des engrais à l'état liquide ; le colmatage, le warpage, l'assainissement des marais.

(1) L'on pourrait fournir à l'appui de ces évaluations d'innombrables citations d'auteurs les plus accrédités : MM. de Gasparin, Jules Guyot, Girardin, Lecouteux, Decaisne, etc., etc. Nous y reviendrons d'ailleurs.

II.

PROGRAMME DE LA SOCIÉTÉ.

La Société d'amélioration serait instituée pour exécuter, *dans la mesure de son capital*, et pour faciliter aux citoyens toutes les opérations ayant pour but et pour résultat la plus-value progressive de notre domaine agricole et l'accroissement de son produit.

Le programme, ainsi posé dans sa formule générale, n'est susceptible évidemment que de réalisations partielles et successives. La Société choisirait, parmi les divers objets dont elle aurait à s'occuper, celui auquel il conviendrait de s'attacher en premier lieu, se réservant d'aborder les autres aussitôt qu'elle le pourrait.

Or, de tous les grands services qu'elle serait appelée à rendre à l'agriculture, le plus important à coup sûr serait de mettre l'engrais à la disposition du cultivateur. Et quand même elle devrait se circonscrire à jamais dans cette spécialité, elle aurait dignement rempli la mission qu'elle s'est donnée et justifié son titre.

D'autre part, en fournissant à long terme de payement et à juste prix les engrais, et fonctionnant à la fois comme société de production, de commerce et de crédit, elle ferait un bien immense et pourrait compter sur des résultats largement rémunératoires.

Voici quelles devraient être les opérations à inscrire dans le cadre de son programme :

1° *La fabrication et le commerce des engrais.* Nous en traiterons ci-après;

2° *La construction ou l'achat et la vente ou le louage de machines agricoles épargnant le temps, les forces et la santé des cultivateurs, par exemple, la machine à battre;*

3° *Le jardinage, aux abords des grandes villes, sur des terrains achetés ou loués par la Société.*

L'on peut s'assurer, en consultant le quatrième volume de la *Maison rustique du dix-neuvième siècle* (1), que le bénéfice net à recueillir, sur la culture des choux et

choux-fleurs, est de....	100	p. 0/0	Tout compté : rente de la terre, fumure et frais de main-d'œuvre.
Haricots.... de 50 à	60	—	
Oignons...........	140	—	
Poireaux...........	200	—	
Asperges...........	300	—	
Laitues, plus de.....	50	—	
Carottes...........	80	—	
Artichauts, près de..	300	—	

M. de Gasparin évalue à 245 p. 0/0 le bénéfice à réaliser sur la culture de l'artichaut en plein champ (2);

4° *L'exploitation de cultures industrielles, en dehors du jardinage*, celle du lin, par exemple, qui, coûtant par hectare 1,200 fr. (rente de la terre, fumier et main-d'œuvre), rapporte de 3 à 5,000 fr., c'est-à-dire, eu égard au capital employé, 150 p. 0/0 et plus (3);

5° *La viticulture, l'industrie œnologique et le commerce du vin, la production et le commerce des eaux-de-vie de raisin, soit pour le compte exclusif de la grande compa-*

(1) *Maison rustique*, p. 188, 191, 199, 200, 203-204, 209, 211, 215, 221, 227.

(2) M. DE GASPARIN, t. IV, p. 232.

(3) Voir M. GIRARDIN, *Des Fumiers*, p. 35, et M. DE GASPARIN, t. IV, p. 353.

gnie, soit par voie d'association avec des propriétaires fournissant le terrain et participant au bénéfice annuel et à la plus-value foncière, au prorata de leur capital.

La vigne est une des plantes qui reconnaissent le mieux les soins qui lui sont donnés et les dépenses qu'on fait pour elle. M. Jules Guyot démontre que « le *rendement moyen* des vignes à fins cépages, avec le plus large emploi des moyens protecteurs (fils de fer, paillassons, etc.) sera toujours de 35 à 40 p. 0/0 des avances faites par le capitaliste (1). » On sait d'autre part quelle richesse a créée la fabrication des eaux-de-vie de Cognac et des vins mousseux de Champagne : industries fort lucratives, mais qui ne peuvent être abordées que par de puissants capitaux.

La plantation et la culture perfectionnée de la vigne, par voie d'association avec des propriétaires, serait un procédé de crédit très sûr et très fructueux pour la Société d'amélioration, et un moyen de salut pour un grand nombre de propriétaires. Beaucoup d'entre eux, en effet, possèdent de vastes étendues de terrains médiocres ou de friches qu'ils ne sauraient mettre en valeur, le capital leur faisant défaut ; terrains médiocres et friches qui, dans l'état actuel des choses, sont d'un produit nul ou insignifiant, et qui pourtant, à raison de leur composition physique et chimique, du climat et de l'exposition, seraient admirablement propres à la culture de la vigne. Source de ruine à présent, source de richesse sous la main puissante de la Société d'amélioration !

6° *Le drainage, sur des terrains achetés par la Société, et peut-être l'exploitation de fabrique de tuyaux et la pose des drains, à forfait, sur les domaines des particuliers.*

L'on peut voir en l'excellent livre de M. Barral, sur le *Drainage*, que la fabrication des tuyaux donne en général des résultats suffisamment rémunératoires. Ils le sont par-

(1) M. Jules Guyot, *Culture de la vigne*, p. 182.

fois tellement qu'à l'usine de M. Jounieaux, en Belgique, et de M. Hodges, en Angleterre, ils ont donné un bénéfice s'élevant jusqu'à 100 p. 0/0 (1).

Quant au drainage en lui-même et au profit qu'on en peut tirer, je me bornerai à fournir les indications suivantes :

M. Leclerc, chef du service du drainage en Belgique, a constaté que la plus-value communiquée au sol par le drainage, équivaut en *minimum* à 20 p. 0/0 des dépenses que l'amélioration occasionne (2).

Dans les terres riches, dit M. Barral, la dépense du drainage rapportera souvent au delà de 25 p. 0/0 (3).

M. Beatie, en Angleterre, déclare que le revenu des sommes employées pour le drainage s'élève à 33 p. 0/0, et même à 50 pour les terres riches (4).

Dans Seine-et-Marne, chez M. Gareau, le drainage a été payé par une seule récolte. A côté de M. Gareau, M. Lauret est rentré, par le résultat d'une première récolte, dans une fois et demie le prix de revient d'un de ses drainages (5).

Ces quelques chiffres suffisent pour montrer que la Société d'amélioration agricole, qui ne ferait pour son compte d'opérations de drainage que dans les conditions les plus favorables, choisies comme telles entre toutes, pourrait y placer des capitaux à un taux très avantageux, plus de 30 p. 0/0 en moyenne.

7° *Des entreprises d'irrigation, de colmatage et autres qui s'y rattachent.*

Dans le département de l'Ain, M. Puvis a irrigué 92 hectares 43 centiares d'anciens prés, en dépensant 19,000 fr.

(1) M. Barral, *Drainage*, t. I, p. 438-439.
(2) M. Barral, t. IV, p. 48.
(3) *Ibid.* p. 53.
(4) *Ibid.* p. 46.
(5) *Ibid.* p. 43.

Il a obtenu un excédant de production de 207,000 kil. de foin, lesquels, à 2 fr. 25 les 50 kil., prix excessivement bas, ont fait ressortir le bénéfice du capital employé au taux de plus de 50 p. 0/0. La réparation lui revenait à 205 fr. 56 l'hectare.

« L'irrigation, dit M. Barral, a porté la valeur des ter-
» rains de 900 fr. l'hectare à 5,000 fr. dans l'Autunois;
» de 300 à 3,000 dans les landes de Bretagne ; de *deux*
» *cent quarante à quatre mille huit cents en Auvergne.*

» Les grèves de la Moselle, sans valeur avant l'irriga-
» tion, se vendent 5,000 fr. l'hectare au bout de quelques
» années, et les dépenses sont seulement d'environ
» 1,200 fr.

» Dans le département de Vaucluse, à Cavaillon, 1 hec-
» tare, arrosé et planté en légumes, donne un revenu net
» de près de 2,000 fr. (1).

» A Vaison, à Malaucène, l'arrosage a fait élever le prix
» des sols, naturellement inférieurs, à 12 et 14,000 fr.
» l'hectare. A Cavaillon..... l'eau de la Durance a, en cer-
» tains lieux, décuplé la valeur du sol ; des *garrigues*, qui
» valaient à peine 500 fr. l'hectare, en valent 5,000 au-
» jourd'hui. A Sorgues, une lande stérile, qui affligeait
» l'œil du voyageur, arrosée de ces mêmes eaux, a centu-
» plé de prix (2). »

Quant au colmatage, voici un exemple du bénéfice qu'on en obtient. M. Thomas aîné, d'Avignon, possédait une propriété de 150 hectares, presque entièrement composée de grèves ou garrigues ; il en a déjà soumis quarante au colmatage, à raison de trois par année. Avant l'amélioration, ces terrains valent 1,200 fr. l'hectare; après, 7,000 fr. La dépense par hectare est de 433 fr.; la plus-

(1) M. Barral, t. IV, p. 644.

(2) M. Aug. de Gasparin, *Du Plan incliné*, p. 492, t. VI du *Cours d'Agriculture*.

value par hectare est de 5,800 fr. Encore faut-il remarquer que les garrigues, transformées en excellentes terres arables, portent consécutivement sept à huit récoltes de froment, sans qu'il faille y mettre aucun engrais. Mais sans compter ce bénéfice, qui à lui seul représente plusieurs fois le capital dépensé pour le colmatage, et ne tenant compte que du résultat obtenu en plus-value, on voit que l'argent de M. Thomas est placé au taux merveilleux de *douze cent trente-neuf pour cent.* (1).

« M. Conte, ajoute M. Barral, estime qu'une grande par-
» tie du territoire d'Avignon pourrait être soumise à cette
» opération, à condition toutefois, vu le morcellement ex-
» cessif de la propriété, qu'il se formerait une association
» volontaire entre les propriétaires de garrigues. M. Conte
» estime aussi que le colmatage des déserts de la Crau se-
» rait extrêmement facile avec les eaux de la Durance ; il
» n'y aurait qu'à agrandir les canaux pour augmenter le
» débit pendant l'hiver, et l'on pourrait, avec 50 mètres
» cubes d'eau par seconde, créer annuellement 300 hectares
» de terre labourable. » (2).

J'ai entendu formuler deux objections contre les affaires sur canaux d'irrigation : 1° la loi d'expropriation pour cause d'utilité publique n'offre pas, pour la construction de ces engins si utiles, les facilités qu'elle assure pour l'exécution des chemins de fer ; 2° les canaux construits, les propriétaires riverains opposeraient à la Compagnie une force d'inertie, une indifférence calculée pour obtenir à vil prix les concessions de prises d'eau.

Je réponds d'abord que la loi pourrait être modifiée en temps utile pour nous. La question des irrigations est d'un

(1) Voir M. Adrien de Gasparin, *Cours d'Agriculture*, t. VI, p. 320, et M. Barral, citant le *Mémoire* de M. Conte, ingénieur des ponts et chaussées, *Drainage*, t. IV, p. 477-480.

(2) M. Barral, t. IV, p. 480.

intérêt bien assez puissant pour passionner l'opinion publique et provoquer, dans la presse et au Corps législatif, une émotion qui pousserait à la réforme de la loi. Je réponds en outre qu'il ne s'agit pas, pour la Société agricole, de construire des canaux dans des conditions d'exploitation quelconques, bonnes ou mauvaises. Qu'après avoir démontré par des expériences publiques quel bénéfice certain résulte des irrigations, elle devrait obtenir, *au préalable*, des propriétaires bien conseillés par leur intérêt, des transactions équitables, soit pour la cession des terrains, soit pour le bail des prises d'eau. Je réponds enfin que la Société pourrait, dans de certains cas, opérer sur des terrains devenus sa propriété et où, par conséquent, elle n'aurait à compter qu'avec elle-même.

Dans un simple avant-projet, comme celui que je présente, alors surtout que la Société n'aurait d'abord à s'occuper que des engrais et amendements, je n'ai pas dû essayer de traiter d'une manière à la fois plus précise et plus complète la capitale question de l'emploi des eaux en agriculture. J'ai voulu seulement motiver la prise en considération de cette partie de mon projet, et je conclus en rappelant une parole d'un homme qui joignait à de grandes vues un sens pratique irrécusable, M. Auguste de Gasparin : « Vous avez à gagner trois milliards que vos fleuves jettent à la mer ! » (1).

Les milliards dont il s'agit sont des milliards de revenu.

Attachons-nous maintenant à la question des engrais.

(1) M. Aug. de Gasparin, *Du Plan incliné.* (*Cours d'agriculture*, t. VI, p. 537.)

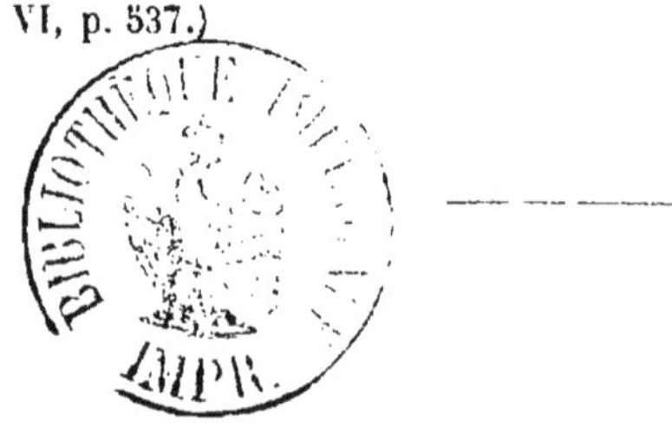

III.

ENGRAIS ET AMENDEMENTS.

L'engrais, c'est la fertilité ; c'est la transmutation des terres, préférable à celle des métaux et bien autrement réelle. L'engrais semé à pleines mains sur nos champs et sur nos prairies, ce serait la Limagne, la Flandre débordant de leurs limites et couvrant toute la France.

J'ai habité longtemps Jersey, un ancien rocher de granit, transfiguré par l'engrais. Ce petit pays est charmant, plaisant à l'œil comme un parc et fertile comme un jardin. La culture du froment y rend 25 pour un, en moyenne (1). Les vaches de Jersey, race bretonne améliorée à la longue, donnent par tête jusqu'à 14 et 16 livres de beurre par semaine (2). L'on peut juger, d'après cela, de la bonté des pâturages. Si la France était productive et peuplée comme Jersey, sa population monterait à 210 millions d'habitants.

L'engrais manque dans notre pays. M. le comte de Gasparin a calculé que les déjections de l'homme et des bestiaux, recueillies en totalité, ne fourniraient, par an, en France, que 516,433,390 kilogrammes d'azote, soit, par hectare ensemencé, environ 25 kil., c'est-à-dire *pas la*

(1) « La production du sol, par vergée, se classait ainsi judiciaire- » ment : froment, 38 cabots de 32 livres, etc. » (Pierre Leroux aux États de Jersey, p. 75.)

Il faut six vergées et un quart pour équivaloir à un hectare. 38 × 32 × 6 1/4 = 7,600 livres ou 50 hectolitres, à raison de 152 livres ou 76 kil. à l'hectolitre.

(2) M. Émile Baudement, *Encyclopédie pratique de l'Agriculteur*, t. I, p. 513.

moitié de ce qui serait nécessaire pour une bonne culture (1).

Or, d'après les observations de l'éminent agronome, nos terres arables ne reçoivent, en moyenne, chaque année, que 7 kil. 75. Tout le reste de l'azote produit est perdu pour l'agriculture (2).

Le prix moyen du kilo d'azote est de 2 fr. 63 (3).

L'on peut, d'après ces données, évaluer le déficit dont nos terres ont à souffrir, et voir quel débouché s'ouvrirait devant un commerce d'engrais bien conçu et bien mené.

Pour que bientôt la demande atteignît au niveau de l'offre, il suffirait d'édifier la population agricole sur l'effet utile des engrais, et de lui accorder d'ailleurs des facilités de crédit.

La partie de l'agronomie qui s'occupe des engrais, la chimie agricole, est toute récente. Il n'est donc pas étonnant que ses données élémentaires n'aient pas encore pénétré bien avant dans nos campagnes. Combien ne trouvet-on pas de cultivateurs et propriétaires qui, à l'heure qu'il est, ont à peine entendu parler du guano, du noir animal et de la poudrette? Et combien plus grand le nombre de ceux pour qui n'existent point les sels de potasse ou de soude, les phosphates et autres corps précieux pour l'agriculture, mais qui, rentrant davantage dans l'ordre des produits chimiques, sont restés plus en dehors du cercle où se meut la routine!

Cette ignorance trop réelle est bien le premier obstacle à la rapide extension du commerce des engrais. Tant qu'il en subsistera quelque trace dans notre pays, la Société

(1) M. de Gasparin, *Cours d'Agriculture*, t. VI, p. 157.

(2) *Ibid.*

(3) C'est la moyenne pour le tourteau, le fumier de ferme et la poudrette. L'azote du guano est plus cher. (Voir M. de Gasparin, *Cours d'Agriculture*, t. VI, p. 225 et 394.)

d'amélioration ferait procéder chaque année, dans chaque département, aux expériences comparatives les plus propres à constater la valeur utile des divers engrais. Ces expériences, conduites avec toute l'exactitude qui préside aux recherches scientifiques, devraient se faire sous les yeux des hommes les plus compétents dans chaque localité. Et pour ce commerce d'engrais, trop souvent déshonoré par le charlatanisme et la fraude, les procès-verbaux constatant les résultats obtenus deviendraient, si j'ose employer cette expression fort compromise, *la réclame* la plus loyale et la plus irrésistible.

Il est vrai qu'en général la propriété foncière est très obérée en France, et qu'en particulier les agriculteurs sont en proie à une gêne qui trop souvent les paralyse. Il faudrait donc aviser à ce que, voulant acheter de la force pour ranimer leurs cultures languissantes, ils le pussent effectivement. Or, si l'engrais leur était fourni payable à un an de terme, latitude suffisante pour réaliser en produits et convertir en argent la richesse qu'il contient, il n'y aurait plus de raison pour que la consommation des matières fertilisantes ne prît pas un accroissement inouï et merveilleux. Il est certain, *à priori*, que cette consommation n'aurait bientôt plus de limite que celle de la production.

En effet, quel agriculteur se refuserait à acheter un engrais qui lui donnerait un bénéfice certain, bénéfice recueilli avant d'avoir à rembourser le prix de la marchandise? Vous me prêtez une valeur qui représentera pour moi, dans le courant de l'année, cent vingt, cent cinquante, deux cents, et je m'acquitte envers vous en vous rendant, au bout de l'an, seulement les cinq sixièmes, les deux tiers ou la moitié de ce que vous m'avez prêté. C'est de l'usure à rebours, au bénéfice de l'emprunteur, et tout à fait irréprochable. Voilà pourtant le marché offert par la Société aux consommateurs d'engrais. Il y aurait folie à refuser.

Maintenant, qu'on ne dise pas que le bénéfice à réaliser sur de tels emprunts d'engrais serait ici chiffré trop haut. J'ai vu du guano, sur une prairie, rapporter deux fois son prix, rien que pour la première coupe. A la ferme-modèle de Rennes, une terre, qui donnait déjà 30 hectolitres de blé par hectare, a été poussée, moyennant 1,000 kil. de guano, à plus de 52 hectolitres ; bénéfice, 90 francs pour 350 de guano, donc plus de 25 p. 0/0, sans compter le surplus en paille et une partie de l'engrais non consommée par la récolte et améliorant la terre. M. de Gasparin, qui rapporte le fait que je viens de citer, ne dit pas quel a été l'excédant de la récolte quant à la paille ; mais dans une autre expérience, avec la même fumure, à la ferme-modèle de la Montauronne, il signale notamment une surproduction en paille de 42 quintaux métriques (1).

Le plâtre, un amendement qui est aussi un engrais, est employé sur les fourrages de la famille des légumineuses, à la dose, par hectare, de deux hectolitres ou 230 kilog., coûtant 10 fr. 35 c. Pour cette faible dépense, vous doublerez le produit d'une récolte de trèfle ou de luzerne ; et quand la surproduction ne serait que de 2,500 kil., elle représenterait une valeur de 100 fr. au moins par hectare : bénéfice produit par le plâtre, 1,000 p. 0/0 environ. Or, trop souvent, dans nos campagnes, la pénurie d'argent comptant impose, sur l'emploi du plâtre, des économies ruineuses.

Avec de l'engrais humain, les Flamands fument des linières dont ils vendent le produit, sur pied, de 3 à 5,000 fr. l'hectare ; le prix de l'engrais, les frais de culture et la rente de la terre ne s'élevant qu'à 1,200 fr. (2).

Un éminent agronome, M. Lecouteux, a prouvé l'insuffi-

(1) M. de Gasparin, *Cours d'Agriculture*, t. I, p. 546-547.

(2) M. Girardin, *Des Fumiers*, p. 35 ; M. de Gasparin, t. IV. p. 353.

sance de l'engrais à la quantité ordinaire, et les résultats lucratifs de son emploi en fortes masses. Il nous montre deux hectares, l'un fumé à 10,000 et l'autre à 20,000 kil., le second recevant d'ailleurs une culture plus soignée. L'hectare moins fumé et moins travaillé produit le blé au prix de revient de 17 fr. 33 l'hectolitre ; l'autre ne le fait ressortir qu'à 12 fr. 46 Le capital engagé rapporte, dans le premier cas, 12,73 p. 0/0; dans le second, près de 47 (1).

Je ne prolongerai pas cette énumération de faits. Il est évident pour quiconque a la moindre notion d'agriculture, que l'engrais c'est la richesse, et qu'emprunter de l'engrais à un an de terme et à juste prix, c'est spéculer à coup sûr et très lucrativement.

La demande abonderait et la production aurait fort à faire pour se mettre en équilibre avec elle.

Voyons maintenant qu'elles seraient les matières fertilisantes de l'exploitation desquelles *la Société* devrait s'occuper.

ENGRAIS HUMAIN.

Il convient de signaler en premier lieu l'ENGRAIS HUMAIN. Mais il faudrait se garder de le convertir en poudrette. L'on sait combien est défectueux ce mode de préparation, qui appauvrit la gadoue de presque tous les sels d'ammoniaque et autres principes fertilisants qu'elle contient à l'état normal (2).

(1) M. LECOUTEUX, *Encyclopédie pratique de l'Agriculture*, p. 800, t. I.

(2) M. MOLL, *Assainissement des villes par la fertilisation des campagnes* (*Annales du Conservatoire*, n° 15, p. 357) ; M. GIRARDIN, *Des Fumiers*, p. 37 et 38.

M. de Gasparin a indiqué, pour conserver aux urines toute leur efficacité, un procédé excellent et qui serait applicable aux déjections mélangées aussi bien qu'à leur partie liquide. Ce procédé consisterait en « leur évaporation et » leur réduction en extrait, après avoir saturé les gaz ammoniacaux par l'acide sulfurique ou mieux par le sulfate » de fer, à la dose de 1 p. 0/0. Un kilogramme de charbon » vaporise 6 kilog. d'eau ; ainsi 100 kilog. d'urine, contenant 93 kil. d'eau, emploieraient 16 kil. de charbon ; on » aurait pour ce prix et pour celui de la main-d'œuvre 7 kil. » d'extrait d'urine contenant 1 kilog. 40 d'azote. La » houille étant à 2 fr. les 100 kilog., 16 kilog. coûteraient » 32 c. ; il faudrait compter autant pour la main-d'œuvre : » total, 64 c. pour 1 kilog. 40 d'azote. Ainsi, le prix du » kil. d'azote serait de 45 c. » (1).

Ce serait d'un bon marché tout à fait exceptionnel. L'azote du fumier de ferme coûte en moyenne 1 fr. 65 ; celui du tourteau, 2 fr. 80 ; celui de la poudrette, 3 fr. 45, et celui du guano variait, avant la dernière hausse, de 2 fr. 25 à 3 fr. 75 (2).

Les déjections mélangées dosant un peu moins d'azote que l'urine toute seule (3), mais contenant un peu moins d'eau à réduire par le feu, le prix de revient de l'azote resterait à peu près le même.

Nous tirerions de la gadoue un engrais qui doserait 14 kil. 77 d'azote pour 100 (4), et qui ne serait inférieur au meilleur guano, celui du Pérou, que de 0 k. 03 sur

(1) M. DE GASPARIN, *Cours d'Agriculture*, t. I, p. 538.

(2) M. DE GASPARIN, *Cours d'Agriculture*, t. VI, p. 224, 225, 394.

(3) 1 k. 33 p. 0/0 au lieu de 1 k. 45. *Table des équivalents des engrais*, par MM. PAYEN et BOUSSINGAULT, reproduites par M. BARRAL dans *le Bon Fermier*, p. 1261.

(4) Les déjections de l'homme contiennent 91 p. 0/0 d'eau. Les neuf parties solides renferment 1 33 d'azote, c'est-à-dire 14.77 p. 0/0. Voir la *Table* susmentionnée.

14 kil. 80, différence insignifiante. Or, quand le guano du Pérou se vend 35 fr. le quintal métrique, notre engrais ne coûterait que 6 fr. 65, prix de revient. Le vendissions-nous à 12 fr., bénéfice peu modéré (1), il serait encore d'environ 66 p. 0/0 meilleur marché que le guano du Pérou.

Il faut d'ailleurs remarquer que les frais de réduction de l'engrais à l'état d'extrait devraient plutôt être inférieurs que supérieurs à ceux calculés par M. de Gasparin, par la raison que, spéculant non-seulement sur des engrais mais sur des amendements, nous pourrions utiliser, pour la dessiccation de la gadoue, une partie de la chaleur qu'il nous faudrait dépenser pour cuire la chaux et le plâtre.

Égal au guano du Pérou pour le dosage en azote, l'engrais humain serait moins riche en acide phosphorique ; et, pour les plantes qui réclament une forte provision de phosphates, il y aurait de l'avantage à le mêler, par portions égales, avec de la poudre d'os. 600 kil. de ce mélange dosant 77 kil. 157 d'acide phosphorique et 55 kil. 38 d'azote (2), équivaudraient pratiquement à 400 kil. de guano, fumure moyenne pour un hectare, et dosant 77 k. 750 d'acide phosphorique, et 59 k. 20 d'azote. Les 600 kil. du mélange coûteraient 72 fr. (3) ; les 400 kil. de guano coûtent 140 fr., près du double!

Pur ou mélangé, l'extrait de gadoue aurait sans nul doute un grand débit.

La matière première abonde et se renouvelle sans cesse,

(1) Ce prix de vente semblerait très élevé, eu égard au prix de revient, mais il serait très bas eu égard au prix de l'azote des autres engrais.

(2) Voir la *Table* citée plus haut.

(3) La poudre d'os se vend 12 fr. les 100 kil., en laissant un beau bénéfice à celui qui la prépare, car les os ne sont achetés au détail, dans les campagnes, que 2 centimes 1/2 la livre et revendus 7 fr. les 100 kil.

à l'inverse du guano dont les gisements s'épuisent. La fabrication pourrait donc s'organiser sur grande échelle. Elle aurait à exploiter, dans les vidanges urbaines, une production annuelle de 45 millions de kilogrammes d'azote (1), qui, au prix de l'azote du guano, auraient une valeur vénale d'environ 100 millions de francs.

Voilà, disons-nous, quelle serait la production annuelle; mais il faut considérer que, dans l'état présent des choses, il y a dans la plupart des villes des masses énormes d'engrais accumulées dans les latrines. Celles-ci, en effet, ne sont curées qu'à de longs intervalles de temps, au bout d'un certain nombre d'années, quelquefois vingt ans et plus. Cette accumulation permettrait à une fabrication bien conduite de livrer au commerce, pendant quelque temps, par delà la production annuelle de matière première, des centaines de millions de kilogrammes d'azote.

Le premier soin de la Société, dès qu'elle serait constituée, devrait être de s'assurer, autant qu'elle le pourrait, l'exploitation des vidanges dans toutes les grandes villes. Si les municipalités en ont concédé le monopole, et qu'il ne soit plus possible de se juxtaposer aux entrepreneurs et de leur faire concurrence, il faudrait négocier avec eux, à l'effet d'en obtenir, moyennant indemnité, la cession de leur privilége. A les voir exploiter si mal et stériliser en quelque sorte la mine féconde qui leur est livrée, on est porté à penser qu'ils consentiraient à traiter. Au surplus, il y a encore un très grand nombre de villes où l'industrie

(1) A raison de 7 k. 11 par individu (Voir M. Barral, *Drainage*, t. IV, p. 512), il se produit annuellement, dans les déjections humaines, tant solides que liquides, 183,960,000 kil. d'azote, dont le quart environ dans les villes, la population urbaine étant à celle des campagnes à peu près comme 1 : 3.

L'engrais humain, hors des villes, est trop disséminé pour pouvoir être recueilli utilement en masses considérables, comme il le faudrait pour le commerce.

de l'engrais humain pourrait s'établir sans entraves. Elles suffiraient pour alimenter un puissant courant de fabrication.

D'autres engrais, dont la Société aurait les éléments sous la main, pourraient être exploités par elle à l'état mélangé ou non mélangé.

OS.

Nous avons déjà parlé des Os. Ils contiennent beaucoup d'acide phosphorique, 22.86 p. 100 et 3.69 d'azote (1). L'on sait quelle est l'importance des phosphates, et par conséquent de la poudre d'os en agriculture. Le phosphate de chaux est un aliment indispensable pour le froment : 1 kil. 14 d'acide phosphorique suffit pour 100 kil. de ce grain (2). Cent kilogrammes de poudre d'os fournissent assez de phosphore pour 2,000 kilogrammes de froment, 26 hectol. 1/3. Les prairies du Cheshire, quoique recevant tout le fumier des vaches laitières qui en consommaient le produit, s'appauvrirent tellement par la perte des phosphates contenus dans le laitage, qu'elles ne purent retrouver leur fertilité première que par l'effet de la poudre d'os (3). Le navet est très épuisant, beaucoup plus que le froment. Il cesse de produire si on le sème plusieurs fois de suite à la même place. Mais avec du phosphate de chaux soluble (poudre d'os acidifiée), M. Lawes a obtenu des navets sur la même terre pendant huit années consécutives, sans diminution sensible de la récolte (4).

(1) *Table d'équivalents des engrais*, de MM. Boussingault et Payen.

(2) M. de Gasparin, t. I, p. 529.

(3) M. de Gasparin, t. I, p. 528.

(4) M. de Gasparin, t. VI, p. 208.

Les marchands ambulants qui recueillent, de maison en maison, dans nos campagnes, la matière première de cet engrais, la payent 2 cent. 1/2 le demi-kil. Ils la vendent 7 fr. le quintal métrique. Les fabricants, qui achètent les os pour les réduire à l'état de poudre, vendent celle-ci 12 fr. Or, la trituration des os coûte au plus 2 fr. pour 100 kil. A ce compte, le quintal métrique reviendrait seulement à 9 fr.; il est revendu 12 fr.; bénéfice, 33 p. 0/0.

Le broyage des os, au moyen de l'instrument inventé par M. Rohart, revient à 2 fr. pour 100 kil. au cultivateur qui se charge de les pulvériser lui-même. D'autres machines existent à l'usage des fabriques; mais on a trouvé un moyen, qui paraît plus économique, et qui d'ailleurs permet de mêler d'une manière plus intime le phosphate de chaux organique à d'autres matières fertilisantes : c'est de soumettre les os à l'action de la vapeur à haute pression.

La consommation des os est très grande en Angleterre, où il s'en importe annuellement, pour l'usage de l'agriculture, 50 millions de kilogrammes. Dans ce pays, il n'est pas rare de voir un fermier en employer pour 15 ou 20,000 francs par an.

En Bretagne, indépendamment de tout le noir animal qui s'y accumule depuis vingt ans, l'importation des os commence à se produire sur grande échelle. *Le Courrier de Nantes* relatait, en juillet 1858, que 600 tonnes d'os et de cendres d'os étaient entrées en cette ville depuis le commencement de l'année. Elles venaient de Buenos-Ayres et de Montevideo.

L'on peut tirer d'Amérique d'immenses quantités d'ossements : on les trouve abandonnés sur le sol, depuis des siècles, dans les vastes pampas du Sud; et chaque année, cinq millions de bœufs ou de vaches, abattus pour la valeur de leur peau, viennent ajouter aux débris osseux dont la terre est déjà parsemée.

Sur d'autres points du continent, et surtout vers le littoral où des mammifères marins donnent lieu à d'abondantes pêches, il y aurait à faire des recherches dont on serait bien récompensé. Au détroit de Magellan, la plage est toute couverte de gros fragments d'os roulés, véritables galets osseux (1).

L'importation des os en France serait l'une des plus sûres et des plus fructueuses opérations de la Société agricole. On ne saurait trop la recommander dans l'intérêt du pays et de la Société elle-même.

CHAIR MUSCULAIRE.

La chair musculaire est recommandée par M. de Gasparin comme un engrais fort avantageux (2). Bouillie, séchée et pulvérisée, la chair de cheval est expédiée de Paris dans les colonies, au prix de 16 fr. les 100 kil. A l'état de dessiccation, elle renferme 13 kil. 04 p. 0/0 d'azote, coûtant seulement 1 fr. 23 le kilogramme. M. de Gasparin s'étonne que les cultivateurs français se laissent enlever un engrais si énergique, à si bon marché et qui se fabrique à leur porte. Tous les grands centres de population fourniraient abondamment de cette matière fertilisante, et la Société d'amélioration pourrait même utiliser le contingent qu'en offriraient les villes de médiocre importance. Ayant une fabrique d'engrais dans chaque chef-lieu de département et peut-être d'arrondissement (3), elle pourrait, par

(1) Tous ces détails sont extraits du livre si intéressant de M. Bobierre : *L'atmosphère, le sol et les engrais.* (Voir p. 217, 219, 220, 228, 231.)

(2) M. de Gasparin, t. I, p. 519.

(3) Il va de soi que ces fabriques seraient d'importance très inégale. La plupart n'exigeraient qu'une mise de fonds très faible. Leur multiplication serait motivée par le besoin de rapprocher l'engrais du cultivateur, en économisant des frais de transport sur les matières premières et sur les produits fabriqués.

l'entremise de ses agents dans les cantons, mettre à profit non-seulement les chevaux abattus ou morts par maladie dans chaque circonscription, mais à peu près tous les corps de gros animaux domestiques que l'on jette à la voirie, au mépris des règlements, ou qu'on enterre, sans avantage appréciable pour l'agriculture. En attendant leur expédition à la fabrique la plus voisine, ces corps seraient conservés au moyen d'injections peu coûteuses. Les propriétaires des animaux morts, après en avoir détaché quelques parties extérieures, qui ont un cours dans le commerce, les livreraient la plupart du temps à titre purement gratuit; et si par exception quelques-uns d'entre eux exigeaient qu'on les payât, ce serait d'un prix infime.

La spéculation sur l'engrais que je viens de spécifier rapporterait certainement un bénéfice plus élevé que celui qu'on tire de la poudre d'os.

ENGRAIS DE POISSONS.

Et qu'est-ce que la quantité de substance musculaire à recueillir dans les voiries, si on la compare aux masses énormes que l'Océan tient en réserve et qu'il nous offre à profusion? M. de Gasparin (1) avait déjà appelé l'attention des cultivateurs sur ce sujet fort intéressant; et M. Bobierre, dans un ouvrage tout récemment publié, nous fournit à cet égard les renseignements les plus précieux.

Des expériences ont été faites par plusieurs fabricants d'engrais sur des débris de pêcheries, notamment sur des déchets de préparation de sardine, thon et morue. Ces expériences ont donné les résultats les plus satisfaisants. Dans l'engrais obtenu, M. Bobierre a constaté la présence de 12 p. 0/0 d'azote et de 15 à 20 de phosphate.

(1) M. de Gasparin, t. I, p. 319 : t. VI, p. 159.

Un fabricant d'engrais bien connu, M. Rohart, après avoir utilisé, dit M. Bobierre, pour la confection de riches composts, les déchets de poissons, *abandonnés comme sans valeur,* à Christiansand, s'est rendu « à Lofoden, dans » le but de recueillir des débris de pêche qui, *sans valeur* » *hier encore*, sont destinés à devenir l'objet d'une indus- » trie fructueuse pour les habitants des côtes de Norwége, » ainsi que pour nos producteurs de guanos artificiels. 25 » à 30,000 pêcheurs, montant près de 6,000 embarcations, » sont ordinairement employés aux pêcheries de morue des » îles Lofoden. Dans l'espace de trois mois, ils recueillent, » en moyenne, de 20 à 25 millions de morues, représentant » près de 100 millions de kilogrammes. Le poids seul des » débris secs provenant de ce travail est de 7 à 8 millions » de kilogrammes. Il en est de même au banc de Terre- » Neuve et en Islande. Au lieu d'être recueilli au profit » de la fécondité du sol, tout cela est perdu, rejeté à la » mer, quand partout la terre en a tant besoin.

» En dehors des saisons de pêche, le pêcheur est sou- » vent inactif et presque toujours malheureux, tandis qu'il » serait facile d'améliorer son sort, de lui assurer du tra- » vail et de créer de nouvelles ressources à la marine et » surtout à l'agriculture, en faisant recueillir les poissons » non comestibles, qui ne sont eux-mêmes que des des- » tructeurs de bons poissons, et qui, *simplement desséchés* » *à l'air*, donnent des richesses variant de 6 à 14 p. 0/0 » d'azote et autant de phosphate. »

M. Bobierre énumère un grand nombre d'espèces de poissons non comestibles et très abondants ; et, après avoir fait remarquer que les eaux courantes enlèvent à la terre et portent à l'Océan les sels solubles qui l'enrichissaient, il termine par ces paroles d'une élévation saisissante : « Ce » que deviennent ces principes de vie, la science le sup- » pute, et elle appelle de tous ses vœux le jour où l'indus- » trie, venant en aide à l'agriculture, s'attachera à la ré-

» colte des produits marins, et rapportera dans nos champs » un principe de vitalité qui s'en était échappé (1). »

SANG.

Le Sang est un engrais très riche. Coagulé par l'ébullition, desséché et réduit en poudre, il contient 12.80 (2), 14.87 (3), ou même 17 p. 0/0 d'azote (4), dosage égal ou même supérieur à celui du guano du Pérou. Sans compter le porc, dont le sang se mange, les animaux abattus en France donnent annuellement 1,691,094 kil. de sang, contenant 292,559 kil. d'azote (5).

La poudre de sang se vend à Paris 20 fr. les 100 kilogrammes.

Dans la plupart des villes et bourgs de France, on aurait le sang à vil prix. Je l'ai vu jeter à la rivière des abattoirs de plusieurs chefs-lieux de département. Les agents cantonaux de la Société pourraient le recueillir facilement sur tous les points du territoire, et le transmettre à nos usines, après lui avoir fait subir une préparation fort simple, destinée à le préserver de la fermentation putride.

CORNE, PLUMES, POILS, CUIR, CHIFFONS.

J'ai encore à mentionner d'autres substances animales, qui ne sont en quelque sorte qu'un seul engrais sous diverses formes. La râpure de corne renferme 14.36 p. 0/0

(1) *L'atmosphère, le sol et les engrais*, par M. Bobierre, p. 593-597.

(2) M. Barral, *le Bon Fermier*. p. 1261.

(3) M. de Gasparin, t. I, p. 521.

(4) M. Payen, cité par M. de Gasparin, t. I, p. 520.

(5) M. de Gasparin, t. VI, p. 159.

d'azote; les plumes, 15.34; la bourre de poil de bœuf, 13.78; les chiffons de laine, 17.98 (1). Les rognures de cuir, dont l'analyse n'a pas été donnée, que je sache, doivent avoir à peu près la même composition chimique.

Jusqu'à présent ces matières, si précieuses pour l'agriculture, n'ont pas été recueillies avec le soin qu'elles méritent. Il s'en perd plus des trois quarts. On les aurait à bon marché, en masses considérables. Les chiffons, par exemple, rien que ceux provenant des draps usés en France, offrent une quantité d'azote s'élevant à 7,731,400 kil. (2). Ils coûtent dans nos campagnes, achetés au détail et de première main, 0 fr. 2 1/2 le 1/2 kil. Les marchands collecteurs les revendent 7 fr. les 100 kil. Dans les villes, où il est facile de les recueillir plus abondamment et de les acheter en gros, ils coûtent 6 fr. les 100 kil.

Or, à 6 fr. le quintal métrique, les chiffons livrent l'azote à 0 fr. 33 le kil., et revinssent-ils à 8 fr., soit par la hausse du prix d'achat, soit à raison d'une façon pour les hacher très menu ou pour les dissoudre, afin de pouvoir les épandre ou mélanger plus également, ils fourniraient encore l'azote à un bon marché extrême : 0 fr. 45 le kil. (3).

C'est surtout à l'état de mélange qu'il conviendrait de les exploiter. Mêlés par parties égales avec de la poudre d'os, ils donneraient un engrais contenant, pour 100 kil., 11 kil. 83 d'azote et au moins 11 kil. 43 d'acide phosphorique (4).

Six quintaux de ce mélange seraient une fumure plus

(1) Voir la *Table d'équivalents* de MM. Boussingault et Payen.

(2) M. de Gasparin, t. I, p. 531.

(3) Il est bon de rappeler que le prix moyen du kilog. d'azote est de 2 fr. 63 c.

(4) Ne trouvant pas, dans les analyses données par MM. Boussingault, Payen, Barral et de Gasparin, la quantité d'acide phosphorique contenue dans le chiffon, je ne porte ici en compte que l'acide contenu dans la poudre d'os.

riche que 400 kil. de guano (1), quantité moyenne pour un hectare. Par quintal métrique, cet engrais coûterait à la Société 4 fr. 50 de poudre d'os et 4 fr. de chiffon; total, 8 fr. 50. Elle le revendrait 12 fr. Le bénéfice serait donc de plus de 40 p. 0/0; et d'autre part, le consommateur, qui emploierait cet engrais de préférence au guano, réaliserait une économie de près de 50 p. 0/0.

Dans l'intérêt de l'agriculture, et pour son propre avantage, la Société d'amélioration devrait rechercher avec grand soin et s'attacher à recueillir tous les déchets de fabriques ou d'ateliers opérant sur des matières animales. Ses agents, disséminés sur tous les points du territoire, auraient ordre de veiller à ce qu'il s'en perdît le moins possible.

Or, il s'en fait encore à présent un gaspillage incroyable. Ainsi, à Londres, en un pays où l'engrais est si recherché et le combustible à bas prix, j'ai vu les cordonniers se chauffer avec leurs rognures de cuir, que les fabricants d'engrais auraient certainement payées beaucoup plus cher, à poids égal, que ne coûte le meilleur charbon. Il y a, sous le rapport de semblables déperditions, beaucoup plus à regretter en France qu'en Angleterre.

EAUX ET CHAUX AMMONIACALES.

Il est incompréhensible que presque partout chez nous on ne tire aucun parti des EAUX AMMONIACALES D'USINES A GAZ. Ces eaux de condensation ont une richesse moyenne de 4 à 5 p. 0/0 d'ammoniaque (2). Dans l'usine à gaz de

(1) 70 k. 88 d'azote, 68 k. acide phosph. dans 600 kil. du mélange; 59.20 d'azote et 77.76 acide phosph. dans 400 kil. guano du Pérou.

(2) M. BOBIERRE, p. 453.

Périgueux, on en jette à la rivière deux mètres cubes par jour, ce qui fait au bout de l'an 7,300 hectolitres. Or, sauf meilleur moyen d'utiliser l'engrais que ces eaux contiennent, l'on pourrait toujours leur appliquer le procédé indiqué par M. de Gasparin, pour la réduction des urines à l'état d'extrait solide : transformer, par de l'acide sulfurique ou du sulfate de fer, à la dose de 1 p. 0/0, leur carbonate d'ammoniaque qui est volatil en sulfate qui ne l'est pas, et soumettre la masse à l'action du feu. L'on obtiendrait ainsi par an, de l'usine à gaz d'une petite ville, de 292 à 365, moyenne, 328 quintaux métriques de sulfate d'ammoniaque.

Or ce sel contient, on le sait, 21 p. 0/0 d'azote (1). L'on obtiendrait donc, en utilisant les eaux ammoniacales qui se perdent à Périgueux, 6,888 kil. d'azote qui, au prix moyen de 2 fr. 63 le kil., représenteraient une valeur de 18,115 fr. 44. Les frais de réduction, calculés d'après les bases fournies par M de Gasparin, seraient de 5,402 fr. (2), en y ajoutant le prix du sulfate de fer à employer. Bénéfice net à dégager d'une matière première actuellement perdue dans une petite ville : 12,713 fr. 12.

Or, ce n'est pas seulement dans une ville de dix-septième ordre que se fait un tel gaspillage. M. Bobierre déplore que, dans la grande cité de Nantes, les eaux de condensation de l'usine aillent infecter la Loire, au lieu d'être utilisées au grand profit de l'agriculture. La population de Nantes étant à peu près quadruple de celle de Périgueux et sa richesse plus que quadruple, il est permis de conjecturer que la déperdition d'azote sur les déchets de l'usine

(1) *Table d'équivalents d'engrais* de MM. Boussingault et Payen.

(2) Pour 7,300 hectolitres d'eau ammoniacale, que je suppose peser environ comme l'eau pure, il y aurait à employer 73 quintaux métriques de sulfate de fer, coûtant en fabrique de 8 à 10 fr. (Voir M. de Gasparin, t. I, p. 633)

à gaz de la seule ville de Nantes s'élèverait annuellement à une somme de 50,000 fr.

Mais je dois me hâter de dire que les bases de mon calcul, prises dans l'ouvrage de M. Bobierre, ne s'accordent pas avec les données fournies par un autre chimiste fort recommandable, M. Isidore Pierre. Au lieu de 4 *à* 5 *p.* 0/0 d'ammoniaque dans les eaux de condensation, M. Pierre n'a trouvé que de 2 à 4 grammes par litre, c'est-à-dire seulement de 2 *à* 4 *p.* 1,000 (1).

Au surplus, le même savant s'attache à faire ressortir l'avantage qu'il y aurait à utiliser les eaux ammoniacales : « Une usine alimentant 400 becs pourrait, dit-il, retirer » de ses eaux de condensation au moins 1,600 kil. de sul- » fate d'ammoniaque brut cristallisé qui, à 50 fr. les » 100 kil., représenteraient une valeur de 800 fr. L'ex- » traction serait peu coûteuse, parce qu'on pourrait uti- » liser dans ce but une très faible portion de la chaleur » perdue dans l'usine. Nous ferons une remarque sem- » blable au sujet des eaux ammoniacales que l'on pourrait » obtenir dans les fabriques de noir d'os (2 . »

Des calculs analogues pourraient également se faire SUR LES CHAUX AMMONIACALES que fournissent en fortes masses les exploitations de gaz hydrogène. Ces chaux, si elles ne sont pas généralement perdues comme les eaux de condensation, sont livrées à vil prix pour divers usages. A l'usine de Périgueux, où il s'en accumule par an 1,000 hectolitres, toute cette masse est abandonnée à un agriculteur du voisinage pour 150 fr.; encore faut-il la livrer franche de port à domicile.

(1) M. ISIDORE PIERRE, *Chimie agricole*, p. 405.

(2) Le même, *ibid*.

PLATRE.

Je n'ai point encore traité du PLATRE ni de la CHAUX. L'exploitation de ces deux substances, qui doivent être considérées à la fois comme des engrais et comme des amendements, serait, pour la Société d'amélioration agricole, une belle branche d'affaire.

Je n'ai point jusqu'à présent, sur l'industrie et le commerce des plâtres de Montmartre et de Rouen, de données assez précises ; il sera facile d'en avoir. En attendant, je puis fournir sur le plâtre de Sainte-Sabine, beaucoup moins connu à Paris, des renseignements de quelque valeur.

La commune de Sainte-Sabine, canton de Beaumont (Dordogne), est un grand gisement de plâtre. Beaucoup de petits propriétaires s'y livrent à l'exploitation de carrières qu'ils n'ont pas à aller chercher bien loin ; ils les trouvent sous leurs pieds, à la condition de déblayer une mince couche d'argile. La roche séléniteuse paraît de puissance à fournir à une consommation indéfinie. Quand les exploitants du lieu, pourvus de faibles moyens, ont poussé le travail d'extraction jusqu'à une certaine profondeur, ils ouvrent à côté une autre carrière, pour ne pas creuser plus bas. Le gypse est partout autour d'eux.

La Société pourrait acheter à bas prix, dans cette contrée, de grandes étendues de terrains à exploiter comme plâtrières. Les moyens de transport sont faciles. La Dordogne est à deux pas et relie la localité au chemin de fer de Bergerac. Un embranchement projeté, menant de Bergerac au Bugue, aurait une station à la Linde, à 10 ou 12 kilomètres du bourg de Sainte-Sabine.

Les plâtres de cette provenance, d'un grand effet sur les fourrages, sont aussi très bons pour les constructions.

Moins blancs que ceux de Rouen, ils boivent leur eau plus vite et durcissent davantage.

D'après les chiffres que m'a fournis un de mes voisins et amis, qui a fait le commerce du plâtre pendant longtemps en Dordogne, voici à quel prix reviendrait cette matière préparée à Sainte-Sabine même, abstraction faite du droit de carrière ou du prix d'acquisition du gisement. Le mètre cube de pierre à plâtre coûterait à extraire, casser, cuire et triturer : 12 fr. 15. Pesant cru, en moyenne, 2,000 kil., il se réduirait au feu du quinzième de son poids. Le prix de revient de 100 kil. serait de 0 fr. 65, lesquels se vendent communément, sur les points différents du département de 4 fr. à 4 fr. 50. Entre 65 c. et 4 fr. 50, la marge est belle pour couvrir les frais de transport et le loyer du gisement, en laissant un bénéfice. Celui-ci serait toujours de plus de 50 p. 0/0.

Je n'ai pas à m'étendre ici sur les propriétés du plâtre, je me borne seulement à citer une observation de M. de Gasparin : Dans les terrains naturellement dépourvus de sulfate de chaux, si bien d'ailleurs qu'ils soient fumés, les fourrages légumineux ne donnent pas même la moitié des produits qu'on en obtient par l'intervention du plâtre (1). J'ai fait remarquer précédemment qu'une minime dépense de 10 fr., pour le poudrage d'un hectare de fourrages, provoque une surproduction équivalente à 100 fr. au moins. Voilà pourtant le bénéfice dont les agriculteurs sont privés, faute de pouvoir se procurer l'engrais dont ils ont besoin. Vendez du plâtre à juste prix et à long terme de payement, et la consommation s'en décuplera.

(1) M. de Gasparin, t. I, p. 629.

CHAUX.

Quant A LA CHAUX, tous les agronomes (mais un petit nombre de cultivateurs !) savent apprécier sa valeur utile. La consommation en deviendra indubitablement immense, à la condition préalable d'éclairer la population sur l'efficacité de cet amendement, et de mettre la chaux à sa portée par des facilités de crédit.

Les trois quarts au moins de la surface du territoire français sont dépourvus de calcaire, et l'on ne peut pas admettre que plus d'un tiers de cet espace ait été amélioré par la chaux. Resterait donc au moins la moitié de la superficie totale susceptible de lui devoir un grand accroissement de fécondité. Il y aurait d'ailleurs à entretenir la fertilité acquise dans la région déjà amendée (1).

M. de Gasparin estime que dans des terrains non calcaires, destinés aux céréales, le chaulage et le marnage doublent et triplent le produit (2). Les évaluations de M. Puvis, quant aux effets du chaulage, sont à peu près identiques. Il pose en fait que le produit d'une seiglière, chaulée et convertie en terre à froment, est à celui de la seiglière laissée dans son état primitif, comme 228 : 100 (3).

Indépendamment des notions que j'ai puisées sur la chaux dans le grand ouvrage d'Hassenfratz et autres livres spéciaux, je dois à la bienveillance d'un homme fort expérimenté, M. le capitaine d'artillerie Tamisier, des données précises et détaillées sur le prix de revient de ce produit. M. Tamisier a dirigé, dans le département de la Sarthe, une grande fabrication de chaux.

(1) M. PUVIS, *Traité des amendements*, p. 127, 238.
(2) M. DE GASPARIN, t. VI, p. 204.
(3) M. PUVIS, *Traité des amendements*, p. 135.

Dans des conditions moyennes de proximité de carrière et de distance de la mine, d'où tirer le combustible, le prix de revient de la chaux vive est de 10 fr. 38 le mètre cube. Je donnerai le détail de ce prix à la fin de l'article concernant la chaux.

Dans les pays où le charbon est à très bon marché, à cause de la proximité de la mine, et où l'hectolitre de *menu de houille* ne coûterait que 1 fr. 20, si d'ailleurs on a l'avantage d'avoir de la pierre de bonne qualité et d'être près de la carrière, on pourrait obtenir la chaux au prix de 6 fr. 52 le mètre cube; mais ce prix serait à vrai dire tout à fait exceptionnel. M. Puvis fait remarquer qu'il y a de l'économie à opérér la calcination, quand on le peut, avec de la tourbe; mais il ne précise pas dans quelle proportion se produirait l'abaissement du prix de revient. Il convient donc de s'arrêter au chiffre donné plus haut de 10 fr. 38, comme prix de revient, en moyenne, du mètre cube de chaux.

Reste à savoir maintenant à combien on devrait fixer le prix de vente à l'hectolitre.

Dans l'arrondissement où j'habite, celui de Sarlat (Dordogne), la chaux se vendant 1 fr. 50 les 50 kil., cela revient environ à 2 fr. 48 l'hectolitre, cette mesure de chaux vive pesant de 80 kil. à 85.70 (1). A Périgueux, le mètre cube se vend 24 fr. Dans nos départements de l'ouest, avant qu'on eût eu l'idée de calciner à la houille, l'hectolitre de chaux ne coûtait pas moins de 3 et même 4 fr., et, malgré ce prix excessif, le cultivateur n'y perdait pas, puisqu'il continuait à chauler (2). Dans la Vienne, la chaux se vend de 2 à 3 fr. l'hectolitre, et donnerait à ce prix de notables bénéfices; mais c'est une première avance que peu de cultivateurs peuvent et peu de propriétaires

(1) M. Barral. *le Bon Fermier*, p. 207.
(2) M. Puvis, p. 146.

veulent faire (1). Dans la Sarthe, quand les fours à chaux ne sont pas auprès de la houillère, l'hectolitre se paye 1 fr. 50. M. Puvis fait remarquer que l'opération du chaulage produit, pour le froment seul, un surcroît de récolte équivalant à plus de trois fois la dépense, sans compter la plus-value des autres récoltes de l'assolement (2).

Nous pourrions donc vendre la chaux 1 fr. 50 l'hectolitre, soit 15 fr. le mètre cube, lequel coûte à fabriquer 10 fr. 38.

Le bénéfice serait donc de plus de 44 p. 0/0.

Sur le pied du chaulage pratiqué dans le département de la Sarthe, 10 hectolitres par hectare pour trois ans, lequel est le plus modéré, mais en même temps préférable dans le plus grand nombre des cas, l'agriculture française aurait intérêt à employer annuellement une masse de 133 millions d'hectolitres de chaux, qui, au prix moyen de 1 fr. 50, coûteraient aux consommateurs 199,500,000 fr., sur lesquels la fabrication serait appelée à réaliser un bénéfice de 87,780,000 fr., sans compter les quantités à fournir pour les constructions, soit rurales, soit urbaines. La Société d'amélioration pourrait se faire une belle part dans cette immense fourniture.

Il me reste à justifier, ainsi que je l'ai annoncé, le prix de revient du mètre cube de chaux vive, que j'ai porté à 10 fr. 38.

En ayant soin de se placer à proximité de la carrière ou plutôt sur la carrière même, on peut construire un four à feu continu, à la houille, produisant toutes les vingt-quatre heures dix mètres cubes de chaux. Ce four coûtera 1,500 fr., y compris la plate-forme pour l'emplacement des matériaux, les rampes d'accès pour les y amener et le hangar attenant au four pour y abriter les dépôts de chaux vive.

(1) M. Puvis, p. 151.
(2) Le même, 145.

Voici maintenant le détail des dépenses nécessaires pour produire 1 mètre cube de chaux :

1° Extraction et cassage de la pierre.....	2 fr.	20 c.
2° Approche de la pierre et de la houille et chargement du four....................	»	75
3° 2 hectolitres 50 de houille menue, à 2 fr. 25 c. l'hect..........................	5	62
4° Salaire du maître chaufournier.......	»	40
5° Déchargement du four.............	»	15
	9 fr.	12
6° Perte pour déchets, incuits, etc......	»	91
7° Chargement des voitures qui emportent la chaux............................	»	15
8° Intérêt et amortissement du capital engagé..............................	»	20
Prix de revient d'un mètre cube de chaux vive.........................	10 fr.	38 c.

SOUFRE.

Le soufre serait encore un amendement sur lequel la Société d'amélioration pourrait spéculer avec profit. On sait la dévastation exercée sur nos vignobles par la maladie connue sous le nom d'*oïdium*. Ce fléau, qui sévit en Europe depuis dix-huit ans environ, ne paraît pas près de s'éloigner : quand les vignerons, espérant en être débarrassés, négligent de se prémunir contre une nouvelle invasion, des retours offensifs leur font expier cette illusion passagère.

Le soufre est un préservatif d'une efficacité souveraine.

Non-seulement il guérit la vigne atteinte de l'oïdium, mais il ajoute à la vigueur et à la fécondité de celle qui n'est point malade, agissant sur elle à peu près à la manière du plâtre sur les fourrages légumineux.

Il a renchéri par l'effet du progrès de la consommation ; mais, même à son prix actuel, il est d'un emploi fort avantageux. Il suffit en général de 100 kil. de fleur de soufre pour préserver un hectare (1). Donc, moyennant une dépense de 38 fr. pour le soufre et 21 fr. pour main-d'œuvre, total 59 fr., l'on sauvera une récolte ou une partie de récolte valant peut-être dix fois, vingt fois la dépense et même plus. Tel hectare qui, chez moi (en mon absence il est vrai), en était réduit à ne produire qu'une barrique de vin de qualité médiocre, en a donné vingt d'irréprochable du moment qu'il a été soumis à l'action bienfaisante du soufre. L'on pourrait énumérer une multitude de preuves curieuses et convaincantes de l'efficacité de ce remède contre la maladie de la vigne. Ici encore, comme toujours, ignorance et gêne du plus grand nombre : seule cause qui s'oppose à l'emploi, sur très grande échelle, des engrais et amendements. En écartant ce double obstacle, l'on pousserait nos viticulteurs à employer très utilement, pour nos deux millions d'hectares de vignes, un nombre égal de quintaux métriques du préservatif infaillible qui, au cours actuel, ne monterait pas à moins de 76 millions de francs. La Société, se procurant le soufre de première main et par quantités très fortes, le vendant à juste prix et offrant un an de crédit, devrait arriver à fournir à la plupart des consommateurs leur provision annuelle, et réaliser de beaux bénéfices, quoiqu'elle mît le soufre à meilleur marché que nous ne le payons maintenant.

(1) M. Marès, *Manuel du soufrage*, p. 77-78.

NITRATE DE POTASSE ET DE SOUDE.

Je ne terminerai pas cette revue des engrais sans rappeler aux personnes auxquelles mon travail doit être soumis, deux sources de matière fertilisante, qui semblent éminemment dignes d'une sérieuse attention. Je veux parler des nitrières à exploiter en divers pays, et notamment en Espagne, et des gisements d'apatite et de phosphorite déjà connus, et qu'on découvre encore à présent dans cette contrée si riche en matières minérales.

M. de Gasparin, s'appuyant du témoignage de Bowles, dit que les nitrates abondent sur le territoire de l'Espagne, et « que près du tiers des provinces méridionales de ce » royaume contiennent du salpêtre natif; qu'il suffit de » labourer deux ou trois fois un champ, en hiver et au » printemps, pour qu'en ramassant ensuite au mois d'août » la couche superficielle, on puisse en retirer par lixiviation une grande quantité de salpêtre. Les mêmes terres » qui ont été lessivées l'année précédente, exposées à l'air, » rendent l'année suivante une égale quantité de salpêtre.

» On retrouve le même phénomène en Afrique, en » France, en Italie, dans tous les terrains qui présentent à » l'acide nitrique une base salifiable : les bancs de craie de » la Touraine, de la Saintonge, de la Roche-Guyon (Oise) » sont des nitrières naturelles bien connues » (1).

L'on peut créer facilement partout des nitrières artificielles; il suffit de construire de petits murs peu épais avec de la terre calcaire poreuse, contenant peu d'argile, mêlée et gâchée avec des cendres, de la paille et même des fumiers; de les couvrir d'un toit et de les arroser de temps

(1) M. de Gasparin, t. I. p. 125-126.

en temps, pour que ces terres soient chargées de salpêtre au bout de l'année (1).

Au surplus, l'auteur cité ne donne malheureusement pas de détails explicatifs sur la portée industrielle d'une exploitation de nitrate; quelle quantité pourrait être extraite d'une surface donnée et à combien reviendrait-elle?... Quant au prix de vente, l'on sait qu'il est extrêmement élevé. Le nitrate de potasse coûte en France 65 fr. les 100 kil., y compris 15 fr. de droits d'entrée; et le nitrate de soude qu'on importe du Pérou, où il se trouve en masses énormes sur une superficie de plus de 200 kilom., revient, après avoir payé 16 fr. 50 de droit de douane, au prix de 64 fr. 70 (2). Ce sel est déjà fort cher au pays même de production. Le prix en a varié de 12 à 18 réaux (12 fr.) les 50 kil. (3).

L'on sait combien les nitrates seraient précieux comme engrais, si l'impôt, d'une part, et, d'autre part, l'application de ces sels à certains usages industriels, n'en élevaient pas le prix au-dessus de leur valeur agricole. Le nitrate de potasse et le nitrate de soude purs contiennent, le premier 14 p. 0/0 et le second 16,50 d'azote. Les expériences de MM. Lecoq, de Woght, Vilmorin, Kuhlmann, Chaterley, Barclay et autres, ne laissent absolument aucun doute sur la haute valeur de ces sels comme matière fertilisante.

Je regrette infiniment de manquer de renseignements sur le prix de revient des nitrates qui pourraient être exploités en France, en Espagne et autres pays; toutefois, en mentionnant cette opération pour mémoire, je puis faire

(1) M. de Gasparin, t. I, p. 508 ; M. Isidore Pierre, *Chimie agricole*, p. 418.

(2) J. Liebig, *Lettres sur la chimie*, p. 103-104 ; M. Isidore Pierre, *Chimie agricole*, p. 415 ; M. de Gasparin, t. I, p. 509.

(3) M. Boussingault, *Encyclopédie pratique de l'Agriculture*, t. VI, p. 830.

remarquer que dans l'Inde et à la Chine, elle couvre ses frais en laissant des résultats rémunératoires, malgré l'extrême éloignement du marché de consommation; qu'elle devrait donc offrir, en Espagne, des bénéfices d'autant plus certains que les frais de transport seraient moindres, et que l'on peut facilement acheter à vil prix, dans ce pays, de vastes étendues de terres en friche, celles qui précisément fournissent le plus de nitrate. Dans l'Estramadure, notamment, M. Moreau de Jonnès signale l'existence d'un *désert* qui n'a pas moins de 361 lieues carrées, ou environ 722,000 hectares de superficie. L'auteur ajoute que les terres en sont néanmoins fertiles, au point de pouvoir donner, en céréales, neuf fois la semence (1).

Si nous avions en Espagne une exploitation de nitrate, on pourrait mélanger, sur place, ce sel avec de la phosphorite ou de l'apatite; et sans doute qu'à la faveur de cette dénaturation, il pourrait rentrer dans la classe de quelque produit moins imposé sur notre tarif de douane.

PHOSPHORITE ET APATITE.

C'est précisément en Estramadure que se trouve la phosphorite. Elle s'y montre en telle abondance, et l'on soupçonnait si peu sa grande valeur comme engrais, qu'on s'est servi de ce phosphate pour enclore des propriétés et construire des maisons.

Or, à une époque comme la nôtre, où l'agriculture, se faisant de plus en plus industrieuse, s'est mise à rechercher partout les engrais de toute nature, l'on ne pouvait pas tarder à s'intéresser vivement à l'exploitation des gi-

(1) M. Moreau de Jonnès, *Statistique de l'Espagne.*

sements d'apatite de Norwége, du Tyrol et autres pays, et d'apatite et phosphorite de la péninsule espagnole.

Ceux de Norwége ont déjà livré des masses considérables de phosphate à l'Angleterre.

Quant aux gisements espagnols, ils seraient encore inexploités et n'auraient fourni jusqu'à présent que des échantillons de laboratoire ou quelque tribut minime pour expériences agricoles sur échelle très réduite.

Ce renseignement est consigné dans un livre tout récent qu'a donné au public, il y a quelques mois, M. Adolphe, Bobierre, l'éminent chimiste de Nantes. Il y a donc lieu d'espérer que l'état de choses est resté le même.

La phosphorite contient 90 p. 0/0 de phosphate de chaux.

Pulvérisée et traitée par l'acide sulfurique, comme le sont journellement chez nos voisins les Anglais les os et les phosphates fossiles, la phosphorite d'Estramadure réussirait comme engrais puissant dans tous les cas et tous les terrains où réussissent les superphosphates. Or, il faut se rappeler que l'introduction des superphosphates dans l'agriculture anglaise a été pour elle le commencement d'une ère nouvelle de prospérité. Telle est du moins la déclaration d'un grand agriculteur anglais, M. Lawes, de Rothamsted. Les expériences faites à Oxford par un savant professeur, M. Daubeny, ont démontré surabondamment la solubilité et la valeur de la phosphorite acidifiée, ce qui du reste pouvait être affirmé à priori, comme le fait remarquer M. Bobierre. Il n'y a donc pas à douter qu'une compagnie exploitant des gisements de phosphorite ne trouvât à placer facilement le produit qu'elle en tirerait; mais pour savoir si ce serait à des conditions avantageuses, il faut examiner la question du prix de revient sur place et celle des frais de transport.

Des mémoires *inédits* de M. Rosway, ingénieur des mines, et de M. de Luna, professeur de chimie à Madrid, ont facilité à M. Bobierre la solution de ces questions.

Le gisement de phosphorite de Logrosan, en Estramadure, occupe un espace de 30 à 50 kilomètres carrés. M. Rosway estime que l'on en pourrait extraire et expédier en Angleterre et en France, jusqu'à 200,000 tonnes de phosphorite par année. La puissance totale du gisement s'élèverait, selon lui, à 5 ou 6 millions de tonnes. Les filons, à fleur de terre ou voisins de la surface, peuvent être exploités à ciel ouvert ou en tranchée, à peu de frais. La phosphorite, après l'extraction, reviendrait de 0 fr. 75 à 1 fr. la tonne sur place.

Les conditions de transport, indiquées par M. Rosway, autorisent M. Bobierre à annoncer que la phosphorite pulvérisée pourrait être rendue à Nantes au prix de 10 fr. les 100 kil., ce qui mettrait le phosphate pur à 11 c. le kilogramme. « Et si, dit-il, le minerai, comme cela est pro-
» bable, pouvait être vendu à 9 fr., le phosphate pur
» serait abaissé au prix de 10 c., prix évidemment avanta-
» geux. » Le phosphate de chaux des os revient généralement à 30 et quelques centimes le kilogramme (1).

Le gisement de phosphate de Logrosan n'est pas le seul que la Société d'amélioration pourrait exploiter en Espagne. Sur les communications qu'il a reçues directement de M. le professeur de Luna, M. Bobierre signale en outre divers gisements d'apatite. Celui de Jumilla, province de Murcie, est à 40 kilomètres de la dernière station du chemin de fer d'Alicante. Celui de Sierra Alhamilla est à 3 lieues de la mer. Enfin, des renseignements tout récents auraient révélé à M. Bobierre d'autres gisements d'apatite à 4 lieues seulement du chemin de fer de Saragosse ; et ce qui semblerait donner une grande portée à cette découverte, ce serait la proximité de masses considérables de sulfate de magnésie et de sel marin, dont on pourrait se servir pour la régénération du phosphate de chaux de l'apatite.

(1) M. Bobierre. p. 280.

Le minerai signalé dans ces diverses localités aurait une richesse en phospate de 25 à 45 p. 0/0. « Un gisement » étudié par M. de Luna, *en ce moment même*, ajoute » M. Bobierre, fournit 60 p. 0/0. »

Ces apatites et phosphorites seraient certes, pour la Société d'amélioration agricole, de véritables mines d'or. Je comprends que la question industrielle qui s'y rapporte n'est pas encore traitée ici avec toute l'exactitude minutieuse et rigoureuse que des bailleurs de fonds veulent trouver dans un projet qui leur est soumis. Mais ce n'est qu'un détail dans la grande affaire dont j'ai indiqué les bases; et si les renseignements que je produis sur la foi d'hommes aussi sérieux et aussi éclairés que M. Bobierre et ses honorables correspondants, si ces renseignements sont appréciés comme ils me paraissent mériter de l'être, il y aurait, ce me semble, à envoyer sur les lieux, aussitôt après la formation de la Société agricole, une commission de chimistes et d'ingénieurs chargés de ramener au dernier degré de précision et de certitude les évaluations et calculs auxquels on s'est livré jusqu'à présent.

Il est d'ailleurs, dans mon travail, des parties étudiées avec une grande exactitude, par lesquelles on pourrait débuter en toute sécurité, celles par exemple relatives à la préparation de l'engrais humain et à l'industrie de la chaux. A elles seules, ces deux branches constitueraient une affaire très importante, au point de départ, et qui, par voie d'annexions et de développements successifs, pourraient devenir la plus grosse affaire, la plus sûre, la plus lucrative qui se fût traitée jusqu'à présent.

Simple agriculteur praticien, je n'ai pas rêvé la folie d'asseoir une telle entreprise sur des théories que j'aurais échafaudées à tout hasard. Resté au rang qui m'appartient, derrière les savants, mes maîtres, je n'ai pas émis une affirmation qui ne soit appuyée de l'autorité d'un ou de plusieurs d'entre eux. Je les ai laissés parler, et ils ne sont eux-mêmes ici que les garants de faits positifs parfaitement constatés.

J'ai donc la conviction absolue que ce que j'ai proposé se réalisera tôt ou tard. Il n'est pas un cultivateur à l'esprit ouvert et sérieux qui ne le comprît comme moi ; pas un qui n'applaudît sans réserve à la création de la Société d'amélioration agricole.

Quant aux personnes étrangères à cet ordre de questions et qui auraient intérêt à scruter la solidité des bases de mon travail, j'admets qu'elles ne puissent pas vérifier par elles-mêmes, pour leur complète édification, tous les textes cités à l'appui ; aussi, me mettrai-je en mesure de joindre aux témoignages écrits, que j'ai invoqués en grand nombre, la recommandation directe et le témoignage oral d'hommes spéciaux, bien posés et d'une irrécusable autorité.

Provisoirement je demande une faveur qui n'aurait rien de compromettant pour personne, la prise en considération pure et simple de mon projet.

Qu'une commission de capitalistes et de savants se constitue pour examiner sérieusement les principales parties du plan que j'ai présenté, et surtout ce qui se rapporte à la question des engrais. Que des chimistes, des fabricants appelés à fonctionner dans cette commission préparatoire provoquent, dirigent, au besoin, les études complémentaires qui devraient élucider à fond cette question ; la réalisation sortirait triomphante d'un tel examen. Nous ferions une grande chose, avantageuse au pays, lucrative pour tous ceux qui y auraient concouru, et glorieuse pour nous.

IV.

DÉTERMINATION ET MOUVEMENT

DU CAPITAL SOCIAL.

Si le capital de la Société devait être proportionné à l'importance de l'œuvre, je ne vois pas qu'on dût le fixer à moins de 200 millions.

Cette mise de fonds pourrait être réduite de la moitié ou peut-être des trois quarts, mais non sans porter atteinte à de certaines garanties de haute prospérité et de sûreté absolue dont il convient d'entourer le berceau de la Compagnie.

Il faut qu'elle puisse aborder telles affaires majeures qu'elle devrait s'interdire avec un capital trop réduit, par exemple, l'achat en Espagne de gisements de phosphates et de terrains à exploiter comme nitrières naturelles ; l'organisation de pêcheries fournissant de grandes masses de matière animale à bas prix, chair de poissons non-comestibles à convertir en engrais ; l'exploitation en Amérique des immenses ossuaires dont certaines contrées sont couvertes ; l'achat en France de vastes terrains couvrant des gisements de plâtre ; peut-être l'achat de houillères et de gisements de tourbe, ou du moins l'acquisition, à l'avance et pour un long temps, de combustible minéral à recevoir annuellement à un prix invariable, ce qui assurerait l'équilibre du prix de la chaux et du plâtre que nous aurions à fournir.

En se mettant ainsi à même de fabriquer dans des conditions de bon marché exceptionnel et de qualité garantie, la Société agricole trouverait pour ses engrais un débouché plus avantageux et se prémunirait mieux contre le danger de concurrence.

Il serait donc préférable qu'elle fixât sa mise de fonds à 200 millions de francs, au lieu de la réduire à 50 ou même à 100 millions. L'on sentira la modération du chiffre que je recommande, si on le compare au capital de certaines compagnies de chemins de fer, opérant partiellement sur une bande du territoire, tandis que la Société qu'il s'agit de constituer embrassera tôt ou tard, dans le cercle de son action, le territoire tout entier et finira par le couvrir. Une seule des diverses branches qu'elle aurait à exploiter, celle des engrais et amendements, pourrait absorber bien au delà du capital de 200 millions. M. de Gasparin constate que nos terres arables ne reçoivent en moyenne, chaque année, que 7 kil. 75 d'azote. Or, pour leur donner seulement une fumure médiocre, 50 kil. par hectare, il faudrait, pour nos 20 millions d'hectares de terre arable, employer en sus, annuellement, 845 millions de kilogrammes d'azote qui, au prix moyen, 2 fr. 63, feraient plus de deux milliards. Et nous ne parlons pas des vignes, ni des prairies, etc... qu'il y aurait aussi à fumer; et nous ne chiffrons d'ailleurs que la consommation en azote, et non celle en chaux et plâtre, en acide phosphorique, etc.

Combien donc notre capital serait-il loin d'être excessif!

Au surplus, il me paraît qu'il n'y aurait pas autant à se préoccuper de la question d'une mise de fonds un peu forte que de celle de savoir si le placement serait bon. Il me semble qu'à notre époque on ne recule pas trop devant les grosses affaires, et qu'on serait, au contraire, plutôt disposé à les rechercher, à la condition, bien entendu, d'y trouver des garanties de profit et de sécurité.

Or, il ne saurait y avoir de spéculation plus sûre que l'industrie de l'engrais. La matière première en est à vil prix, la fabrication peu coûteuse et le produit fort demandé. Au lieu d'aller quêter au loin, par delà les mers, à travers les chances de concurrence et de guerre, un débouché incertain pour des marchandises de luxe ou d'une utilité contestable, nous trouverions à nos portes l'écoulement assuré d'un produit de première nécessité, et d'autant plus recherché qu'on s'enrichit en le consommant. Nous n'aurions pas à redouter l'encombrement du marché : jamais nous ne fabriquerions autant d'engrais qu'il s'en pourrait employer avec profit.

La concurrence intérieure ne serait nullement à craindre, car il existe chez nous peu de fabriques d'engrais opérant loyalement, et toutes, jusqu'à présent, ont essayé de s'établir sur un capital insuffisant. La seule chose qu'auraient à faire les hommes habiles et honnêtes, engagés dans cette industrie, ce serait de venir à nous et de s'associer à une œuvre assez large pour les recevoir et pour leur offrir à tous des positions plus belles et mieux assurées que celles qu'ils auraient quittées. Leur capital aurait sa part proportionnelle en nos bénéfices, et leurs talents, mis au service de la grande Société, y seraient mieux rétribués qu'ils ne pouvaient l'être ailleurs. La concurrence étrangère n'est pas non plus à redouter, et c'est là un point à noter à l'avantage exclusif de notre fabrication. Dans les industries multiples du coton, du fil, de la laine, du fer, de la houille, etc., les Anglais viennent lutter avec nos producteurs indigènes sur notre propre marché ; ils ne songeront jamais à importer chez nous de la chaux, du plâtre, de l'engrais humain, ni aucune matière fertilisante; ils n'en ont pas assez pour eux et n'en auront jamais assez. Le Pérou nous envoie du guano; mais sur le lieu même d'extraction, cet engrais est grevé d'un droit de près de 8 fr. (1) par 100 kil., au profit du gouvernement du pays Qu'on ajoute à cela les frais d'extraction et de transport à bord des navires, puis le frêt jusqu'en Europe, lequel serait, m'a-t-on dit, de 15 fr. environ par 100 kil. : l'on s'expliquera très bien le prix élevé de cet engrais, et l'on comprendra qu'il ne saurait faire une concurrence dangereuse à ceux que nous préparerions, et qui, à égale efficacité, ne coûteraient pas la moitié. Nous resterions donc les maîtres ou pour mieux dire les modérateurs du grand marché national.

Quant aux bénéfices à recueillir, ne seraient-ils pas fort beaux? D'après les données fournies par M. de Gasparin, nous avons vu que l'engrais humain, réduit à l'état d'extrait, nous coûterait seulement 6 fr. 50 les 100 kil.; et, qu'eu égard au prix vénal des engrais équivalents, il devrait se vendre 12 fr.; ce serait net un bénéfice de 84 p. 0/0. Le profit sur la chaux monterait à 44 p. 0/0. Sur le plâtre cuit et moulu, le bénéfice serait plus grand; il pourrait l'être encore davantage sur le plâtre cru et pulvérisé, bien qu'on livrât ce dernier à meilleur marché que l'autre.

Je puis donc calculer hardiment, eu égard au prix de revient et au prix de vente des divers engrais sur lesquels nous opérerions, que le bénéfice à recueillir serait au moins de 30 p. 100, évaluation très modérée.

Si plus tard la Société étendait ses opérations sur les

(1) En 1855, les droits perçus sur le guano par le gouvernement du Pérou ont figuré au budget de ce pays pour 5,970,000 *pesos*, ce qui correspond à 31,641,000 francs. Or, l'exportation de guano à toutes les destinations, ayant été, cette même année, au Pérou, de 405,752 tonnes, le calcul donne pour chacune d'elles un droit de 77 fr. 98 c.

(*Annuaire de l'Econ. pol. et de la Statist.* 1857, p. 457.)

autres parties comprises dans son très large programme, l'on pourrait, en tenant compte du profit vraiment énorme à tirer du jardinage, de certaines cultures industrielles et des travaux d'irrigation, de colmatage et autres semblables, maintenir encore le bénéfice au minimum de 30 p. 0/0.

Y aurait-il à s'effrayer des vastes dimensions de l'œuvre qui nous serait proposée? Non, car nous pouvons d'abord la réduire autant qu'il nous conviendra, pour l'étendre, après cela, dans la mesure de nos forces et de l'expérience acquise. Je me demande, d'ailleurs, comment des marchands anglais ont pu soumettre et coloniser, administrer, exploiter l'immense presqu'île de l'Inde, et comment, chez nous Français, une élite de nos savants et de nos industriels ne pourrait pas se concerter pour améliorer à loisir notre héritage paternel, ce cher et modeste enclos, qui porte un grand nom, France ! Les Anglais, indépendamment des difficultés inhérentes à toute œuvre d'organisation, ont eu à lutter dans l'Inde contre le climat et la race, contre une civilisation, des croyances et des mœurs antipathiques aux leurs : ils ont marché sur tout cela; leur domination séculaire pèse encore sur un monde à l'autre extrémité du globe. Et nous, Français, chez nous-mêmes, bien voulus et secondés de tous nos compatriotes, à qui nous apporterions précisément ce qu'ils demandent, l'engrais manquant à leur culture, nous ne réussirions pas !! Cela me paraît impossible.

Sans doute une administration embrassant la France entière doit être étudiée et réglée avec beaucoup de soin et d'ordre. Petite, si on la compare aux immensités de l'Inde, la France est grande par rapport à une propriété privée ; aussi, faut-il proportionner la puissance d'organisation à la portée de l'entreprise.

Soit à raison de l'importance du capital qu'elle mettra en œuvre, soit à cause de l'étendue de sa base d'opération, soit en considération de la multiplicité et de la diversité des affaires qu'elle traitera, la Société d'amélioration a besoin plus que toute autre d'un nombreux personnel d'employés qui lui dévouent tout leur temps, toute leur activité, toute leur intelligence. Il ne faut pas que ses agents aient à chercher, en dehors des fonctions qu'elle leur confie, un supplément de ressources pour leur condition présente ni de garanties pour leur avenir. Il ne faut point, par exemple, que l'un d'eux puisse alléguer, comme excuse aux négligences dont il se rendrait coupable, d'une part l'énormité excessive de sa tâche, et d'autre part la modicité non moins excessive de son traitement : disproportion qui fut invoquée naguère devant le Sénat par un membre de cette assemblée, lequel était en même temps membre du comité de surveillance de la Caisse générale des chemins de fer. Il faut ici que le travail, l'inspection, la surveillance et l'ordre soient sérieux. En dehors de cette règle, la Société n'aurait devant elle que des mécomptes et la ruine ; tandis qu'en y restant fidèle, elle fonctionnera dans les conditions d'une prospérité certaine, progressive et sans pareille.

Dans les contrats constitutifs de sociétés par actions, l'on stipule ordinairement qu'une certaine quotité du produit annuel sera consacrée à la formation d'un fonds de réserve. Pour nous, le fonds de réserve se constituera au moyen de capitalisations successives, opérées d'année en année. Ce moyen était le seul pour faire monter rapidement l'intérêt du fonds social au taux si exceptionnel auquel il devra atteindre, comme nous le verrons plus loin. Circonscrite dans un capital dont le chiffre ne varierait pas, la Société pourrait sans doute offrir à ses actionnaires un dividende assez beau. Mais l'intérêt et le dividende resteraient stationnaires : tout avenir de progrès serait supprimé dès l'abord.

200 millions, c'est peu pour agir efficacement sur un territoire comprenant 53 millions d'hectares : ce n'est pas

4 fr. par hectare ! 200 millions, c'est très peu pour améliorer sensiblement un capital agricole, dont la valeur, estimée à 60 milliards autrefois, peut être portée maintenant en chiffres ronds à 100 milliards : 200 millions pour 100 milliards ! deux millièmes, pas davantage. Il faut d'ailleurs prévoir le cas d'une concurrence possible, bien qu'elle soit peu probable. Le succès en industrie engendre presque toujours des envieux et des plagiaires. Or, si nous repoussions le principe de la progressivité du fonds social, et que quelque compagnie, entrée après nous dans la lice, eût le bon sens de l'admettre, elle arriverait bientôt à une telle accumulation de capital et de puissance, que nous serions écrasés dans la lutte qui s'engagerait. Nous aurions laissé à d'autres les bénéfices grandioses et le rôle glorieux qui pouvaient nous appartenir.

Des calculs très modérés, et que j'ai donnés plus haut, permettent d'évaluer à 30 p. 0/0 par an le produit du capital social. A ce compte, la recette se distribuerait ainsi :

6 1/2	p. 0/0	pour frais d'administration centrale et départementale.
5	»	Intérêt.
17	»	Capitalisés.
1 1/2	»	Aux fondateurs.
30	p. 0/0	

En attendant que le capital soit en pleine production et tant que la partie du produit, capitalisée chaque année, n'atteindra pas 10 p. 0/0, les fondateurs de la Société n'auront pas à réclamer de quotité rémunérative.

Mais dès que cette part annuelle de revenu capitalisé s'élèvera à 10 p. 0/0 du capital primitif, le droit des fondateurs sera de 1 p. 0/0 à répartir entre eux tous.

Il sera d'un et demi quand la fraction capitalisée montera au moins à 15 p. 0/0 ; et il ne dépassera point ce taux, dans quelque proportion que s'élèvent les bénéfices de la Société.

Le capital, s'accroissant de 17 p. 0/0 chaque année, arriverait, par l'effet de l'intérêt composé, à se doubler avant cinq ans, à se quadrupler avant neuf ans, à se vingtupler dans une période de 19 ans 2 mois et 1 jour. L'intérêt, qui resterait au taux de 5 p. 0/0 l'an, par rapport au capital accru, s'élèverait incessamment par rapport au capital primitif, de manière à dépasser 7 1/2 p. 0/0 la troisième année, 10 à la fin de la cinquième, 15 à la fin de la septième, et, par une progression continue, atteindre jusqu'à cent pour cent dans le cours de la vingtième année.

Parvenu à ce degré de prospérité inouïe, la Société pourrait disposer d'une partie de son superflu en faveur des malheureux et leur assigner une quotité dans ses bénéfices ultérieurs. Cette pensée religieuse serait une bénédiction pour notre œuvre économique. Mais s'il fallait la recommander par des considérations purement utilitaires, je dirais que la Société d'amélioration agricole aurait un intérêt réel, un intérêt très positif à susciter autour d'elle des travailleurs plus capables et des consommateurs mieux pourvus de la faculté de consommation. Les populations étiolées par la misère et l'ignorance ne sont pas celles où se multiplient les vaillantes ruches ouvrières. Les populations misérables n'offrent à la production qu'un débouché misérable. Un simple coup d'œil jeté sur les tableaux statistiques de l'industrie et du commerce démontre ces vérités. Quand nos échanges avec l'Angleterre (1) s'élèvent pour une seule année à 633 millions et avec les États-Unis à 529 millions, ils se réduisent avec la Russie à 47 millions 1/2, et avec

(1) *Annuaire de l'économie politique et de la statistique pour 1856*, article de M. Chemin-Dupontès.

l'Autriche à 16 1/2. Un peuple a toujours intérêt à avoir des voisins riches, habiles et grands travailleurs. Il en est de même des individus. Or, les plus proches voisins des industriels français et des commerçants français sont les 30 millions d'ouvriers et de paysans (1) qui se pressent autour d'eux. C'est là surtout qu'ils doivent chercher et susciter et trouver des collaborateurs utiles et des consommateurs profitables.

J'émets donc le vœu que la Société, quand elle sera parvenue à vingtupler son capital et à porter le revenu de sa mise de fonds primitive à 100 p. 0/0 par année, n'affecte plus à la réserve ou à la capitalisation que la moitié de la somme qu'elle y consacrait annuellement, soit 8 1/2 p. 0/0, ou, pour faire compte rond, 9 p. 0/0 au lieu de 17. De la sorte, son capital et son revenu suivraient encore une progression très rapide. Les 8 p. 0/0 disponibles seraient consacrés à améliorer, au triple point de vue physique, intellectuel et moral, la condition de la classe pauvre. Nous indiquerons tout à l'heure les moyens de simple bon sens à mettre en œuvre pour arriver à ce résultat désirable.

Mais voyons d'abord ce que deviendrait le capital de la Société sous la force propulsive d'une capitalisation annuelle de 9 p. 0/0.

Nous l'avons vu s'élever au vingtuple en moins de vingt ans. Il se doublerait ensuite par chaque nouvelle période d'environ 9 ans (8 ans et un mois).

Et, bien que cette progression amène de fort gros chiffres, l'on ne voit pas de raison pour qu'elle ne continue pas jusqu'à la dissolution de la Société agricole. Il est, en effet, difficile, pour ne pas dire impossible, d'assigner une limite à la fertilité de la terre et aux améliorations dont sa culture est susceptible. Mais quand même on admettrait

(1) MOREAU DE JONNES, *Statistique de l'Industrie*, p. 338.

une limite fatale, l'observation nous la montrerait tellement loin en avant, que nous pourrions cheminer pendant un siècle et davantage avant de l'avoir atteinte. Combien de temps faudra-t-il pour que tout notre territoire, avec ses huit millions d'hectares de landes, friches et broussailles, devienne aussi productif que les meilleurs jardins d'à présent? Combien de temps pour que nos prairies approchent de l'exubérante et merveilleuse fécondité des marcites de la Lombardie, lesquelles donnent, par hectare, 1,080 quintaux, c'est-à-dire de dix à vingt fois le produit de nos herbages? Combien faudra-t-il de temps pour obtenir, en céréales, vingt-cinq fois la semence, en moyenne, comme à Jersey, et parfois jusqu'à cent vingt, ainsi qu'on le voit en Chine? Il y a, certes, fort à faire pour s'élever à ces résultats de la pratique contemporaine. La carrière est longue encore et n'est pas près de manquer à l'industrieuse activité de la Société agricole : son capital, vingtuplé, pourra progresser nonobstant, durant un grand nombre d'années. Les chiffres de mon travail sortent naturellement des entrailles du sujet; ils sont donnés par les choses. Il n'y a réellement d'énorme, en tous mes calculs, que la base d'opération, le territoire de la France, sa capacité d'amélioration à peu près indéfinie et la vertu bien connue de l'intérêt composé.

Faudrait-il donc fermer les yeux à la vérité certaine par cela seul qu'elle se présente avec un grand caractère; et n'aurions-nous de regards attentifs et complaisants que pour des réalités mesquines ou misérables? Quoi qu'il en soit, ma conviction est que mes chiffres se vérifieront, et que la Société d'amélioration agricole fonctionnera tôt ou tard, telle à peu près que je l'ai conçue.

Considérons maintenant quelle serait la portée de la fondation charitable dont nous avons parlé plus haut.

Les hommes qui ont étudié avec une attention sérieuse la question de l'assistance, s'accordent à reconnaître qu'il est plus facile de prévenir que de réprimer efficacement le fléau du paupérisme On comprend qu'il en soit ainsi : soutenir le travailleur avant qu'il ne tombe en détresse et ne se démoralise, c'est sauver de la destruction une force productive; tandis que secourir un homme déjà affaibli et peut-être dégradé par la misère, ce n'est trop souvent, hélas! que conserver une faculté de souffrance et de consommation : donnée économique vraie, mais au-dessus de laquelle s'élève le sentiment de la solidarité humaine, l'instinct sacré de la pitié. Nous nous attacherions donc à préserver autant que possible, sans oublier toutefois qu'il importe d'abord de soulager.

Notre budget de charité aurait deux chapitres distincts : l'un affecté aux moyens palliatifs de la misère, et l'autre aux moyens préventifs.

Sur les 8 p. 0/0 destinés à l'œuvre de bienfaisance, et qui monteraient dès l'abord (le capital étant vingtuplé) à 320 millions par an, le quart serait applicable à des cas de dénûment, de maladie ou d'infirmité : l'on fournirait aux nécessiteux des aliments et vêtements, des soins médicaux et pharmaceutiques. Et, dans la mesure du possible, l'assistance s'étendrait aux divers accidents qui menacent l'existence des familles, comme ruine d'habitations par incendie ou autres causes, mortalité de bestiaux, destruction d'instruments de travail, perte du gagne-pain familial.

Dès le premier exercice, cette allocation spéciale serait de 80 millions; elle irait en progressant comme les autres quotités du capital et du revenu. Ce serait, au point de départ, plus de 2,000 fr. par commune. Quel bien à faire avec ce subside dans de pauvres localités! Si, plus tard, l'allocation finissait par excéder les besoins de ce service, l'excédant serait reporté au compte des moyens préventifs.

Le chapitre du préventif aurait d'abord une dotation de 240 millions.

Le tiers de cette allocation serait consacré à l'éducation d'enfants de familles pauvres. 80 millions suffiraient pour donner l'enseignement théorique et professionnel à 160,000 enfants de l'un et de l'autre sexe. L'instruction serait poussée aussi loin que le permettraient les facultés respectives et l'application des élèves. 160,000 enfants, cela ferait en moyenne plus de 1,800 pour chacun des 89 départements. Les enfants, qu'on appellerait à l'âge de onze ans, les filles, et de treize ans, les garçons, seraient tenus dans de grandes fermes, en deux corps de bâtiments suffisamment distants l'un de l'autre. Leur temps s'emploierait moitié aux études théoriques et moitié aux travaux manuels. Leur travail de mains, appliqué à l'agriculture, aux arts et métiers et aussi aux soins du ménage, couvrirait très largement les frais de leur entretien. Une somme de 500 fr. par élève suffirait donc pour les frais d'enseignement. Je n'écris pas ici un livre, je fournis rapidement de brèves indications qu'il serait facile de compléter.

Un huitième de l'allocation pour prévenir la misère et pour élever aussi le niveau de l'intelligence et de la dignité humaines, ce huitième, 30 millions, serait affecté à réaliser une idée émise par un homme qui a voué noblement sa vie à l'apostolat du progrès, et dont le nom restera grand dans l'histoire de notre siècle : M. Enfantin, dans une lettre à MM. Péreire, Michel-Chevalier, Duveyrier, Fournel et Lambert, a posé les bases d'une institution de *Crédit intellectuel;* crédit aux savants, aux artistes, que la misère entrave ou paralyse, qu'elle tue ou qu'elle dégrade au détriment irréparable de la société tout entière. Je n'ai pas à reproduire les considérations élevées, et d'un très grand sens pratique, invoquées par M. Enfantin à l'appui de son projet. L'opinion publique en est encore vivement impressionnée. Il s'agirait de traduire en fait cette inspiration généreuse. Les savants et artistes, aidés par l'institution de crédit, lui rendraient plus tard, sur le produit de leurs œuvres ou professions, une quotité proportionnée aux avances qu'ils auraient reçues, quotité qui viendrait s'adjoindre aux ressources de l'institution.

Le reste de l'allocation préventive de la misère, 130 millions par an, serait employé à fournir des instruments de travail à des familles d'ouvriers agricoles ou industriels.

A celles-là, on concéderait des lots de terre assortis de bestiaux et d'instruments d'une valeur totale de 10,000 fr. pour une famille. Les concessionnaires les tiendraient à bail emphytéotique, avec faculté de rachat, à la seule condition de ne pas les laisser dépérir et d'en payer une rente de 1 p. 0/0 à la Société. Cette rente s'ajouterait à la dotation des malheureux.

L'on fournirait également d'instruments de travail (matières premières, outillage, logement et provision alimentaire) des ouvriers d'arts et métiers, groupés par ordre de spécialités dans de vastes constructions, avec bazars au rez-de-chaussée. Des moyens faciles et sûrs seraient pris pour prévenir le détournement et le gaspillage des matières premières et outils. Chaque ouvrier, débité des fournitures courantes qui lui auraient été faites, serait crédité, en retour, du prix de ses produits à la vente. Chacun d'eux serait à ses pièces et recueillerait le montant intégral de son travail, à part une faible rente annuelle de 1 p. 0/0 à payer à la Société, comme dans le cas précédent et à la même destination.

Il faudrait aussi, sans nul doute, tâcher d'affranchir les ouvriers des usines et manufactures; ce serait plus difficile, à cause du grand capital nécessaire pour fonder des établissements de ce genre, et à cause aussi des difficultés inhérentes au mécanisme de toute association. L'on essaierait avec prudence de l'association entre ouvriers et entre ouvriers et patrons. J'indique rapidement; je ne fais qu'effleurer ces questions, objet de méditations et d'études approfondies.

La dotation primitive de 130 millions de francs pour l'affranchissement du travail irait, ne l'oublions pas, progressant d'année en année. Sous la puissance de l'intérêt composé à 9 p. 0/0 l'an, elle devrait se doubler à chaque période d'environ neuf ans. Et quand même des circonstances impossibles à prévoir ralentiraient ce mouvement, il est certain que la Société aurait fait beaucoup de bien, sans causer le moindre mal. Elle aurait tenté de résoudre la plus haute question du siècle, celle du prolétariat ; elle aurait assis le problème sur sa véritable base. C'est à la mère-nourrice, la terre sacrée de France, à rédimer de la misère son peuple de travailleurs. Et, s'il nous était donné de promouvoir cette solution, cherchée vainement ailleurs, ce serait en laissant intact tout ce qui est droit acquis ; sans troubler l'ordre social, le raffermissant au contraire ; et sans remuer les formules de doctrines contestées qu'on accuse de ne pas être en rapport de convergence avec l'esprit et les tendances de notre civilisation.

En somme, la Société d'amélioration agricole aurait poussé vers son apogée la puissance productive et la prospérité de la France. Elle aurait fécondé la terre et ensemencé le champ du progrès intellectuel et moral.

Son œuvre aurait été grande.

CLÉMENT DULAC,

Ancien Représentant du peuple, propriétaire-agriculteur au château de Chabans (Dordogne).

Paris. – Imprimerie de Dubuisson et Cᵉ, rue Coq-Héron, 5. — 7370.

www.ingramcontent.com/pod-product-compliance
Ingram Content Group UK Ltd.
Pitfield, Milton Keynes, MK11 3LW, UK
UKHW022139190726
13855UKWH00003B/1244

9 782013 073974